U0007124

BIRDSTORYのインコの飼い方図鑑

第一次養鸚鵡就戀愛了

鸚鵡飼育百科

從日常照料、玩耍訓練到健康照護，鳥寶一生全指南

自從幾年前開始和虎皮鸚鵡一起生活後，我就這麼陷入了鳥寶的魅力中。

我一開始是在寵物店遇見牠的。

當時我會萌生和虎皮鸚鵡一起生活的想法，也是因為去了寵物店的關係，不過當時寵物店裡的虎皮鸚鵡只有1隻。那是一隻白化虎皮鸚鵡。

我開始養鳥時，都是參照網路或飼養書上的內容飼養，並在錯誤中學習。

現在回想起來，才發現這個也做不好、那個也做不對……不由得每天反省。

後來，我又養了白文鳥和櫻文鳥，現在和三隻愛鳥一起生活。

養鳥之後，我才明白鳥寶是一種非常聰明又用情至深的生物。

我認為只要我們能好好互相關懷並正視彼此，一定可以成為彼此的最佳良伴。

本書承蒙平常多方照顧我家愛鳥的森下小鳥病院寄崎醫生監修。

非常感謝診察鉅細靡遺、解說淺顯易懂、並對鳥寶愛護有加的寄崎醫生。

另外我也要向將本書修飾得如此完美的編輯及美術編輯道謝。

希望本書能在各位讀者將來的養鳥生活中帶來某些幫助。

BIRDSTORY

我從小就住在公寓大樓中生活，因此能養在家裡的也只有小鳥或小動物。

我就讀小學時，養了2隻文鳥，牠們活了10年，相當長壽。

現在受限於居住環境及雙薪家庭等生活方式，應該很多人也會像我小時候一樣，選擇叫聲安靜又不需花費太多時間照顧的小鳥作為寵物吧！

小鳥體型嬌小，因此也比其他動物更為敏感嬌貴。

飼主若不能確實注意到鳥寶在日常生活中的細微變化，很容易發生「就醫時，為時已晚」的情況。

因此，本書除了基本的飼養方法之外，為了讓飼主明白日常健康管理、鳥寶常見疾病，以及適當的就醫時機，選擇以「飼養時該注意什麼地方？」為重點來進行解說。

本書是經過許多人的努力才完成的。

尤其是為本書繪製了許多可愛插圖的BIRDSTORY、邀我共同參與製作的編輯，謝謝你們。

另外，我也要深深感謝總是在我背後支持著我的醫院工作人員，以及每天教會我許多事情的病患和鳥寶們。

希望本書能獲得大家的喜愛。

監修　寄崎まりを

BIRDSTORY'S STORY

鳥寶就是這樣的生物

大家好！
我是鸚形目鸚鵡科的非洲灰鸚鵡。大家都叫我灰鸚老師。
喔～～
拍手拍手
拍手
那麼，我們就立刻進入主題吧！請問各位，大家對我們鳥寶的認識有多少呢？
有很多色彩斑斕的鳥寶
小型鸚哥或鸚鵡，多半來自炎熱的地區喔！
♪我的原產地在印尼

有體型嬌小的、也有體型龐大的鳥寶
我是太平洋鸚鵡。
我是玄鳳鸚鵡。
我叫琉璃金剛鸚鵡。

鳥寶是感情非常豐富的生物
我發誓我會愛你一輩子♡
給我點心
擺動翅膀
擺動翅膀
大家覺得如何?是不是對我們有多一點認識了呢?

飼主出門的時候
我們多半都待在籠子裡
發呆～
因此若沒有玩具
是相當無聊的
就算飼主放我們出籠子
孤單……
如果飼主不陪我們玩，我們會很難過的……
請確實做好日常照料的工作喔！
BIRD FOOD
如果不好好做的話，我會生氣喔！

一起生活……
咬!!
嘎—!
有時候也會發生一些困擾
但是
只要你灌注許多關愛給我們，我們保證一定會全力回報給你!
請多多指教喔—!!
請好好了解我們，一起度過開心愉快的養鳥生活♪

目錄

PART 1 挑選你想要的鸚鵡

PART 2 帶鳥寶回家吧

PART 3 日常照料與管理

PART 4 和鸚鵡玩耍

PART 5 鸚鵡飼養煩惱Q&A

GUIDE

鸚鵡讀心術指南

PART 6

鸚鵡學

PART 7

鸚鵡病歷簿

＼投稿！／

書中有「投稿！」標記的漫畫或專欄，是鳥寶飼主分享給我的小故事♪

PART 1

挑選
你想要飼養的鸚鵡

小鸚鵡、玄鳳鸚鵡、文鳥……

各位想要飼養什麼樣的鳥寶呢？

讓我們先認識不同鳥種的習性與特徵，

再來想像自己的養鳥生活吧！

什麼樣的鳥寶比較適合我？

來自東南亞
雨傘鳳頭鸚鵡（巴丹）
文鳥
日文中鳳頭鸚鵡（オウム）和鸚哥（インコ）的差異在於是否有冠羽。我的名字雖然叫做雞尾鸚鵡（日文為オカメインコ），但因為我有冠羽，所以屬於鳳頭鸚鵡科喔！
來自南美
橫斑鸚鵡
白腹凱克鸚鵡
太平洋鸚鵡
太陽鸚鵡
來自澳洲
雞尾（玄鳳）鸚鵡
虹彩吸蜜鸚鵡
斑胸草雀
伯克氏鸚鵡
虎皮鸚鵡

所謂的鸚鵡・鳳頭鸚鵡，是什麼鳥？

在鳥類的分類學上，鸚鵡和鳳頭鸚鵡都屬於「鸚形目」，「鸚形目」又分為「鳳頭鸚鵡科」及「鸚鵡科[1]」兩種。文鳥也屬於常見的寵物鳥，不過是屬於俗稱燕雀類[2]的「雀形目」鳥種。

- 鸚形目
  - 鳳頭鸚鵡科
    - 雞尾鸚鵡
    - 粉紅鳳頭鸚鵡
    - 雨傘鳳頭鸚鵡
    - 葵花鳳頭鸚鵡
    - 等等
  - 鸚鵡科
    - 虎皮鸚鵡
    - 桃面愛情鸚鵡
    - 牡丹鸚鵡
    - 太平洋鸚鵡
    - 橫斑鸚鵡
    - 非洲灰鸚鵡等等
- 雀形目
  - 梅花雀科
    - 文鳥
    - 斑胸草雀

1 「鸚鵡科」中還包含了「吸蜜鸚鵡科」，但是有些學者認為應該將吸蜜鸚鵡科獨立劃分為一科，而非歸入鸚鵡亞科。
2 燕雀類（finch）……尤其是指雀形目中，屬於燕雀科、梅花雀科的小型鳥類。此外，還有斑胸草雀、十姊妹等等。

鸚鵡的產地幾乎都在南半球

「鸚形目」的鳥，全世界超過三百種，而幾乎所有鸚鵡都產自南美、澳洲、非洲等熱帶～亞熱帶地區。外觀和個性都大相逕庭。請先了解各類不同鳥種（↓P16～）的特徵，作為選擇時的參考。

該從哪裡獲得鳥寶呢？

認識鳥寶的方法有很多，
但請務必親自看過之後再決定。

找繁殖業者

繁殖業者是指專門繁殖動物的人。由於繁殖特定鳥種的人很多，因此推薦已決定好飼養鳥種的人，可以去找繁殖業者。繁殖業者的魅力是可以聽到有關特定鳥種的專門建議。也可以看到鳥爸媽或鳥兄弟姊妹的狀況。（但找臺灣繁殖業者不一定能看到鳥爸媽）

找寵物店或小鳥專賣店

去寵物店或小鳥專賣店，可以就各種不同鳥種進行比較或選擇。請選擇鳥籠乾淨，且店員能夠好好回答飼養相關問題的店家。

找認識的人・送養公告

若認識的人家裡生了雛鳥，可以向對方領養鳥寶；或是從送養公告上尋找鳥寶。只不過，如果發生金錢上的交易，送養人則需要「第一種動物取扱（販賣）」的登記。（日本法規）

考慮生活方式後再飼養

你想跟鳥寶過什麼樣的生活？

雖然這些鳥寶泛稱為「鸚鵡」或「鳳頭鸚鵡」，但其實牠們的外觀、叫聲、擅長或棘手的事等等，所有特徵都因鳥種不同而有極大差異。人們很容易基於外觀上的喜好來選擇，但是光靠外觀判斷是不行的！

好比「我住在集合式住宅，所以聲音小的鳥寶比較好」或是「我想看小鳥們相處時你儂我儂的模樣！」等等，首先先明確設想好你期待跟鳥寶過什麼樣的生活才是最重要的。

但是，本書介紹的特徵畢竟只是一般論。鳥寶究竟是什麼樣的個性，還是得飼養之後才能知道。但無論鳥寶的個性如何，都請你負起照顧牠一輩子的責任。

雄鳥

- ☐ 較多擅長唱歌或說話的鳥寶
- ☐ 多半愛撒嬌又怕寂寞

由於雛鳥或幼鳥很難判斷性別，因此有可能後來才發現牠不是原本想像的性別。

or

雌鳥

- ☐ 較多我行我素且反應冷靜的鳥寶
- ☐ 罹患生殖系統病變的風險較雄鳥高

無論任何鳥種的雌鳥，罹患生殖系統病變的風險都比較高，因此必須特別留心發情或營養管理。

1隻

or

兩隻以上

- 飼主和鳥寶之間的感情較為緊密！

鸚鵡的習性是群居生活，因此如果主人經常不在家，鳥寶便容易寂寞。但還不習慣照顧鳥寶的人，可以從1隻開始飼養。

- 鳥寶傾向親近彼此。推薦想看鳥寶親密互動的人飼養兩隻以上。

鳥籠基本上要分開。愛情鳥（桃面情侶鸚鵡或牡丹鸚鵡）只要處得來，養在一起也OK。

你期望過什麼樣的生活？

你想跟鳥寶打造什麼樣的關係？請考量居住環境等狀況後，再選擇你要飼養的鳥寶吧！

一起玩耍

如果只飼養一隻，鳥寶很快就會親近主人，但是從鳥寶的習性來思考，牠很可能也會因此感到寂寞。只要灌注愛給鳥寶，不管什麼鳥種都有可能變得親近喔！

安靜的叫聲

小型鸚鵡的叫聲比大型鸚鵡來得小。尤其是太平洋鸚鵡及橫斑鸚鵡的叫聲更是安靜。請實際上聽過牠們的叫聲之後再帶牠回家吧！

跟鳥寶對話

虎皮鸚鵡（雄）、非洲灰鸚鵡、亞馬遜鸚鵡很愛說話。但是，並不是每一隻都擅長說話。不會講話也沒關係，就當成是牠獨特的個性吧！

不同鳥種的特徵 → P.16～33

虎皮鸚鵡[3]

【英文】 Budgerigar

【學名】 *Melopsittacus undulatus*

DATA

分類	鸚鵡科
原產地	澳洲
身長	約20cm
體重	30～40g
主食	穀物
壽命	8～10年
叫聲大小	♪ (1/5)
活動量	♥♥♥♥♥ (5/5)
鳥喙強度	●●○○○ (2/5)
脾氣凶狠	★★☆☆☆ (2/5)
鳥籠大小	■■□□□ (2/5)

提到鸚鵡就會想到牠！

飼養數量最多的鳥種，也是鸚鵡界的代表——虎皮鸚鵡！充滿旺盛的好奇心，個性不怕生；雄鳥中有許多擅長講話或模仿聲音的鳥寶，是世界上最受人喜愛的鸚鵡。

由於虎皮鸚鵡叫聲較小、嘴喙的力量也較弱，很適合第一次養鳥的人。

1800年代在澳洲發現後，虎皮鸚鵡便以歐洲為中心，成為最普遍的寵物鳥。經過多次配種，出現了現在所見的豐富羽色，據說現在有五千種以上的顏色。

3 臺灣俗稱阿蘇兒。

虎皮鸚鵡的日常

嗶!
因為憧憬虎皮鸚鵡說話的畫面
早安
希望牠可以學會用可愛的方式說話，所以我每天都跟牠講話
某一天
孩子的媽ー!
牠說話了ー!
早安ー
結果牠學了爸爸低沉的嗓音……

各種不同顏色正是虎皮鸚鵡最大的魅力!
單色的
黃化虎皮鸚鵡
粉彩色調也深具魅力

- 很多愛說話或會模仿聲音的鳥寶
- 個性不怕生，擁有旺盛的好奇心

牠們個性
大多都很溫和喔!

雞尾鸚鵡[4]

【英文】 Cockatiel
【學名】 *Nymphicus hollandicus*

DATA

分類	鳳頭鸚鵡科
原產地	澳洲
身長	約30cm
體重	80～100g
主食	穀物
壽命	約15年
叫聲大小	♪♪♪♪♪
活動量	♥♥♥♥♥
鳥喙強度	●●●●●
脾氣凶狠	★★★★★
鳥籠大小	■■■■■

雖屬鳳頭鸚鵡科，但在日本卻稱為鸚哥

提到世界最小的鳳頭鸚鵡，就是雞尾鸚鵡。英文的「Cockatiel」據說是來自葡萄牙語的「Cacatilho（小鳳頭鸚鵡）」喔！

特徵是頭上的冠羽和臉頰上的橘紅色圓斑，不過也有顏色偏灰白、沒有橘紅色圓斑的種類。

雖然有個體差異，但是雞尾鸚鵡多半都怕寂寞、深愛飼主，個性也較為敏感。

碰上地震時，容易陷入驚嚇狀態，有時還會發生俗稱「夜驚[5]」的狀況⋯。

雞尾鸚鵡個性較穩定沉著，但是若沒有給予適當的照顧，有時也會變得具有攻擊性，因此請多加留意。

4 臺灣俗稱太陽鳥、玄鳳或卡妹。
5 指鳥寶晚上受到驚嚇，胡亂拍打翅膀、亂飛、撞籠子，造成羽毛脫落、受傷流血的狀態。嚴重時可能致命。留一盞小燈可有效改善。

投稿!

雞尾鸚鵡飼主常見的煩惱？

雞尾小弟

○○同學妳的興趣是什麼？
我想想看～
大概是收集愛鳥雞尾小弟的羽毛吧！
發現臉頰腮紅上的橘色羽毛時，簡直就像發現了四葉幸運草一樣……
唔喔—！
其他人都嚇跑了…

原生種的雄鳥，有黃色的頭和灰色身體！雌鳥則是全身灰色

也有白臉的喔

- 雄鳥中有很多擅長唱歌或模仿聲音的鳥寶
- 個性敏感，容易發生「夜驚」

發生夜驚後，請檢查鳥寶是否受了傷！

桃面愛情鸚鵡[6]

【英文】 Peach-faced Lovebird

【學名】 *Agapornis roseicollis*

DATA

分類	鸚鵡科
原產地	非洲
身長	約15cm
體重	45～55g
主食	穀物
壽命	約15年
叫聲大小	♪♪♪♪♪（3/5）
活動量	♥♥♥♥♥（5/5）
鳥喙強度	●●●○○
脾氣／雄	★☆☆☆☆
脾氣／雌	★★★☆☆
鳥籠大小	■■□□□

最喜歡黏在一起的愛情鳥

從鮮豔的配色到沉穩的組合，桃面愛情鸚鵡最大的魅力，就在於美麗的羽毛顏色。正如英文名「Lovebird」所示，牠們一旦決定了伴侶，就會將所有愛情獻給對方。相反的，牠們對伴侶之外的人或鳥便顯得有點嚴格。尤其是雌鳥比雄鳥更具有攻擊性。飼養一對的情況下，鳥寶無論如何都會變得相親相愛，身為人類的飼主必須有以後只能負責照顧、不能一起玩的心理準備。

4 臺灣俗稱小鸚或愛情鳥。

黃領牡丹鸚鵡

【英文】 Masked Lovebird
【學名】 *Agapornis personata*

DATA

分類	鸚鵡科
原產地	非洲
身長	約14cm
體重	35～45g
主食	穀物
壽命	約15年
叫聲大小	♪♪♪♪♪
活動量	♥♥♥♥♥
鳥喙強度	●●●●●
脾氣凶狠	★★★★★
鳥籠大小	■■■■■

內向又我行我素的愛情鳥

圓滾滾的身體和妝點眼睛周圍的白色眼圈，是牡丹鸚鵡最大的魅力。牡丹鸚鵡跟桃面愛情鸚鵡一樣也稱為「Lovebird」，是一種跟伴侶感情非常深厚緊密的鸚鵡。

牡丹鸚鵡雖然個性乖巧穩定，但佔有慾強烈，很容易吃醋，因此如果只養一隻，飼主就成了鳥寶的伴侶，飼主要盡量陪牠玩耍互動，避免讓牠感到孤單。

太平洋鸚鵡

【英文】 Pacific Parrotlet

【學名】 *Forpus coelestis*

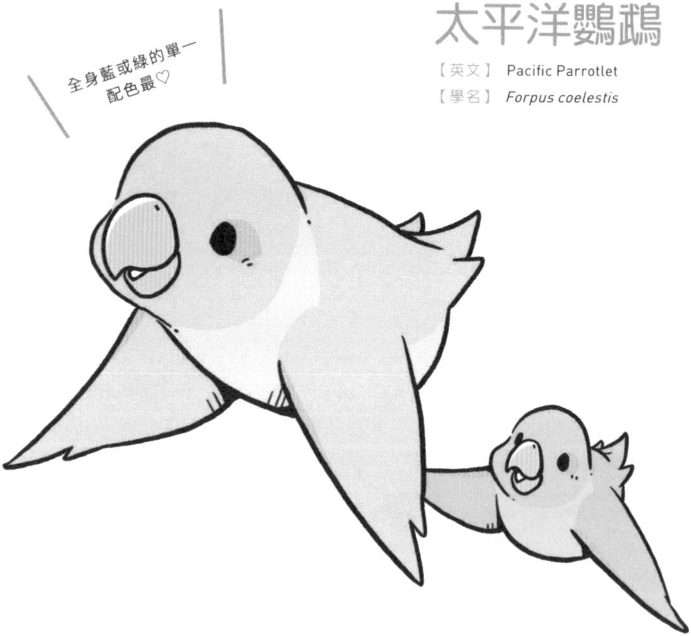

可以放在手掌裡的大小最具魅力♪

在所有被當成寵物飼養的鸚鵡中，尺寸最小的太平洋鸚鵡！被牠們圓滾滾且嬌小的體型、鮮豔配色，以及水汪汪大眼所俘虜的人，應該不在少數吧！

不同於嬌小的身體，牠們的個性較為強勢，咬人的力氣也不小。另一方面，牠們喜好玩耍，也充滿好奇心。牠們叫聲較小，所以比較容易飼養在集合式住宅內。

DATA

分類	鸚鵡科
原產地	厄瓜多・祕魯
身長	約13cm
體重	28～35g
主食	穀物、果實
壽命	約12年
叫聲大小	♪♪♪♪♪
活動量	♥♥♥♥♥
鳥喙強度	●●●●●
脾氣凶狠	★★★★★
鳥籠大小	■■■■■

個性穩重、我行我素的小鳥

橫斑鸚鵡最令人印象深刻的，就是身體上的「水波紋」。以獨特前傾姿勢緩慢行走的模樣，也是牠們的魅力之一。

牠們的個性正如行動，沉穩而我行我素。只不過，因個體而異，偶爾也有一些性子比較暴躁的鳥寶。叫聲非常小，但是在顯示自我主張時聲音會偏大。

DATA

分類	鸚鵡科
原產地	中美洲～南美洲
身長	約16cm
體重	45～55g
主食	穀物、花
壽命	約12年
叫聲大小	♪♪♪♪♪
活動量	❤❤❤❤❤
鳥喙強度	●●●●●
脾氣凶狠	★★★★★
鳥籠大小	■■■■■

橫斑鸚鵡

【英文】 Barred Parakeet

【學名】 *Bolborhynchus lineola*

個性溫馴，可以上手！

伯克氏鸚鵡的粉紅色羽毛最令人印象深刻，但是原生種其實是咖啡色的。牠們最大的特徵，是顏色偏淺白且配色溫柔的羽毛。

個性正如外觀一樣惹人憐愛而沉穩，但有時候會比較敏感。叫聲偏小。比較親近人類，很容易就能飼養成願意上手的鸚鵡，因此推薦新手飼主飼養。

DATA

分類	鸚鵡科
原產地	澳洲
身長	約19cm
體重	40～50g
主食	穀物
壽命	8～15年
叫聲大小	♪♪♪♪♪
活動量	♥♥♥♥♥
鳥喙強度	●●●●●
脾氣凶狠	★★★★★
鳥籠大小	■■■■■

粉紅色的身體
搭配灰色尾羽

伯克氏鸚鵡（秋草）

【英文】 Bourke's Parrot

【學名】 *Neopsephotus bourkii*

非洲灰鸚鵡[7]

【英文】 Grey Parrot

【學名】 *Psittacus erithacus*

DATA

分類	鸚鵡科
原產地	非洲
身長	約33cm
體重	400g
主食	穀物、堅果
壽命	約50年
叫聲大小	♪♪♪♪♪
活動量	♥♥♥♡♡
鳥喙強度	●●●●●
脾氣凶狠	★★★★☆
鳥籠大小	■■■■□

＊非洲灰鸚鵡從2017年1月2日起，被日本列入國際稀少野生動植物[8]新指定種中。因此寄宿在寵物旅館、寄養在朋友家，或是因為無法飼養而得送養時，都需要登錄票（登記證）。可向自然環境研究中心申請、登記。

最聰明又最會說話的鸚鵡

大型鸚鵡中最具代表性的就是非洲灰鸚鵡了。大家經常誤以為大型鸚鵡都屬於「鳳頭鸚鵡科」，但由於非洲灰鸚鵡並沒有冠羽，因此是「鸚鵡科」的夥伴。

個性敏銳、小心謹慎，而且非常聰明！智商相當於人類的五歲幼童，有些鳥寶甚至可以跟人類或其他鳥類對話。只要善加訓練，便可記住超過一百個單字。

7 臺灣俗稱灰鸚。

8 日本基於保護瀕臨絕種野生動植物法，所指定的野生生物。

開朗活潑、調皮搗蛋♪

由橘、黃、綠組合成色彩鮮艷的羽毛，越來越受歡迎的鸚鵡。

個性正如色彩鮮艷的外表一樣，非常活潑。不擅長說話，但個性親人，所以是現在深受矚目的寵物鳥。只不過，叫聲非常巨大！因為牠們很喜歡玩耍，所以飼養前必須仔細考慮如何隔音，以及是否有足夠的時間陪牠們玩耍。

9 又稱為太陽錐尾鸚鵡，臺灣俗稱金太陽。

DATA

分類	鸚鵡科
原產地	委內瑞拉東南部
身長	約30cm
體重	約100g
主食	穀物、果實、堅果、花・花蕾
壽命	15～25年
叫聲大小	♪♪♪♪♪
活動量	♥♥♥♥♥
鳥喙強度	●●●●●
脾氣凶狠	★★★★★
鳥籠大小	■■■■■

太陽鸚鵡9

【英文】 Sun Conure

【學名】 *Aratinga solstitialis*

綠頰錐尾鸚鵡[10]

【英文】 Green-cheeked Conure

【學名】 *Pyrrhura molinae*

擅長說話♪

俗稱小太陽的錐尾鸚鵡中，有「綠頰錐尾鸚鵡」及「黑帽錐尾鸚鵡[11]」等各種不同種類。共同的特徵是，脖子上有鱗片狀的羽毛紋路！最常被當成寵物飼養的綠頰錐尾鸚鵡，最大的特徵是綠色臉頰及紅色尾羽。

個性活潑，擅長說話。活動量非常大，因此較適合能確實保留時間陪牠玩耍的人！

10 又稱綠頰鸚哥、綠頰太陽鸚哥、玻利維亞綠頰錐尾鸚鵡，臺灣俗稱綠頰小太陽。

11 俗稱黑頭小太陽。

DATA

分類	鸚鵡科
原產地	南美洲
身長	約25cm
體重	約65g
主食	穀物、果實、堅果、花．
壽命	12～18年
叫聲大小	♪♪♪♪♪
活動量	♥♥♥♥♥
鳥喙強度	●●●●●
脾氣凶狠	★★★★★
鳥籠大小	■■■■■

虹彩吸蜜鸚鵡

【英文】 Rainbow Lorikeet

【學名】 *Trichoglossus haematodus*

DATA

分類	鸚鵡科
原產地	澳洲
身長	約30cm
體重	約130g
主食	花蜜、果實、昆蟲
壽命	約20年
叫聲大小	♪♪♪♪♪
活動量	♥♥♥♥♥
鳥喙強度	●●●●○
脾氣凶狠	★★★★☆
鳥籠大小	■■■■□

正如其名「虹彩」一樣色彩鮮艷！

色彩鮮艷的羽毛加上開朗又親人的個性，而深受人們喜愛的鸚鵡。個性活潑，熱愛遊戲。雖然每隻鳥兒個性不同，但有的鳥寶甚至會在主人手上玩耍翻滾！牠們會在鳥籠周圍排軟便，因此必須勤於打掃！

粉紅鳳頭鸚鵡12

【英文】 Galah

【學名】 *Eolophus roseicapillus*

DATA

分類	鳳頭鸚鵡科
原產地	澳洲
身長	約35cm
體重	300～400g
主食	穀物、花・花蕾、堅果、昆蟲
壽命	約40年
叫聲大小	♪♪♪♪♪
活動量	♥♥♥♡♡
鳥喙強度	●●●●○
脾氣凶狠	★★★☆☆
鳥籠大小	■■■■□

粉紅色的羽毛和蓬鬆的冠羽♪

從頭部到腹部覆滿粉紅色羽毛，是牠們最大的特徵！頭上有漂亮的冠羽，是鳳頭鸚鵡科的鳥寶。充滿好奇心，個性活潑。擅長說話的鳥寶也很多。

12　臺灣俗稱粉紅巴丹。

和尚鸚鵡

【英文】 Monk Parakeet
【學名】 *Myiopsitta monachus*

DATA

分類	鸚鵡科
原產地	南美洲
身長	約29cm
體重	100～120g
主食	穀物、果實、昆蟲
壽命	約15年
叫聲大小	♪♪♪♪♪
活動量	♥♥♥♥♥
鳥喙強度	●●●●○
脾氣凶狠	★★★☆☆
鳥籠大小	■■■□□

智商數一數二！

質樸沉穩的配色是受人歡迎的祕訣！？非常聰明，個性多半穩重乖巧。體型雖小但叫聲卻很大，居住於集合式住宅則須考慮如何隔音！

藍頭鸚哥[13]

【英文】 Blue-headed Parrot
【學名】 *Pionus menstruus*

DATA

分類	鸚鵡科
原產地	巴西
身長	約28cm
體重	約250g
主食	穀物、果實、花
壽命	約25年
叫聲大小	♪♪♪♪♪
活動量	♥♥♥♥♡
鳥喙強度	●●●●○
脾氣凶狠	★★☆☆☆
鳥籠大小	■■■■□

深藍色頭部和深綠色身體

個性多半溫馴乖巧。但是，喜怒哀樂情緒分明，如果飼主不陪牠玩，有時會明顯表現出憤怒的情緒。

13 又稱藍頭鸚鵡。

白腹凱克鸚鵡14

【英文】 White-bellied Caique

【學名】 *Pionites leucogaster*

DATA

分類	鸚鵡科
原產地	巴西
身長	約23cm
體重	約150g
主食	穀物、果實、花、樹葉
壽命	約25年
叫聲大小	♪♪♪♪♪
活動量	♥♥♥♥♥
鳥喙強度	●●●●●
脾氣凶狠	★★★★★
鳥籠大小	■■■■■

開朗活潑，喜歡惡作劇

此種鳥寶多半不擅長說話，但是個性開朗活潑，經常做出許多可愛的行動。頭頂羽毛呈現黑色的種類稱為「黑頭凱克鸚鵡」。

14　又稱為白腹鸚哥，臺灣俗稱白腹凱克或金頭凱克。

藍頂亞馬遜鸚鵡15

【英文】 Blue-fronted Amazon

【學名】 *Amazona aestiva*

DATA

分類	鸚鵡科
原產地	南美洲
身長	約35cm
體重	約400g
主食	穀物、堅果、果實
壽命	40～50年
叫聲大小	♪♪♪♪♪
活動量	♥♥♥♥♥
鳥喙強度	●●●●●
脾氣凶狠	★★★★★
鳥籠大小	■■■■■

綠色身體搭配藍色鼻子

亞馬遜鸚鵡中又分「藍頂亞馬遜鸚鵡」及「紅額亞馬遜鸚鵡」（台灣俗稱紅帽）等許多種類。是一種具有「拉丁氣息」的鸚鵡，特徵是擅長說話，以及會表演才藝的鳥寶很多。

15　又名藍帽亞馬遜鸚鵡，臺灣俗稱藍帽。

琉璃金剛鸚鵡16

【英文】 Blue-and-gold Macaw

【學名】 *Ara ararauna*

DATA

分類	鸚鵡科
原產地	南美洲
身長	約86cm
體重	約1000g
主食	穀物、堅果、果實、花蜜、花蕾
壽命	50～100年
叫聲大小	♪♪♪♪♪
活動量	♥♥♥♥♥
鳥喙強度	●●●●●
脾氣凶狠	★★★★★
鳥籠大小	■■■■■

世界最大的體型！

從牠巨大的體格便可想像出，這種鳥寶嘴喙咬合的力量非常大，飼養後必須善加訓練。不過，牠們多半個性穩重且友善親人。聲音渾厚宏亮！

16 又名藍黃金剛鸚鵡。

雨傘鳳頭鸚鵡17

【英文】 White Cockatoo

【學名】 *Cacatua alba*

DATA

分類	鳳頭鸚鵡科
原產地	印尼
身長	約46cm
體重	約500g
主食	穀物、堅果、果實
壽命	40～60年
叫聲大小	♪♪♪♪♪
活動量	♥♥♥♥♥
鳥喙強度	●●●●●
脾氣凶狠	★★★★★
鳥籠大小	■■■■■

親人程度簡直就像狗(!?)一樣

愛撒嬌又非常喜歡人類的鳥種。個性溫和友善，但是有清晨傍晚大叫的習性，音量相當驚人！一定要考慮如何隔音才行。

17 又稱大白鳳頭鸚鵡、大白巴丹鸚鵡。臺灣俗稱巴丹。

文鳥（禾雀）

【英文】 Java Sparrow
【學名】 *Lonchura oryzivora*

DATA

分類	梅花雀科
原產地	印尼
身長	約15cm
體重	約25g
主食	穀物、昆蟲、果實
壽命	8～10年
叫聲大小	♪♪♪♪♪
活動量	♥♥♥♥♥
鳥喙強度	●●●●●
脾氣凶狠	★★★★★
鳥籠大小	■■■■■

身強體健、容易飼養，大受歡迎的鳥種！

在日本的寵物鳥中最普遍的文鳥。文鳥是隸屬「雀形目」的燕雀類。文鳥跟麻雀分屬不同「科」[18]，但身形相似。文鳥的特徵是圓滾滾的大眼紅色眼圈，以及巨大的鳥喙。個性親人，很容易訓練上手，也是文鳥的魅力。

18 麻雀屬於麻雀科。

身長10cm的極小型燕雀

因為嬌小可愛的模樣，以及音量微小但獨特的叫聲而大受歡迎的斑胸草雀。雄鳥臉頰上有橘色斑塊，胸口有橫紋；雌鳥身上不見類似的特徵，因此成鳥可以輕易分辨性別。

由於牠們體型非常嬌小，因此經常發生誤踩鳥寶的意外。照顧時請務必小心！

DATA

分類	梅花雀科
原產地	澳洲
身長	約10cm
體重	約12g
主食	穀物、昆蟲、果實
壽命	約10年
叫聲大小	♪♪♪♪♪
活動量	♥♥♥♥♥
鳥喙強度	●●●●●
脾氣凶狠	★★★★★
鳥籠大小	■■■■■

斑胸草雀[19]

【英文】 Zebra Finch

【學名】 *Taeniopygia guttata*

19 又名珍珠鳥、錦花（華）鳥。

飼養

飼養前，來自鳥寶的請求

1 請負起責任，愛牠就要好好照顧牠

鳥寶的生活建立在飼主的照顧上。跟飼主玩耍溝通，對鳥寶而言是最幸福的時刻。可以說，鳥寶的幸福全寄託在飼主身上也不為過！

你能讓鳥寶幸福嗎？

和人類相較之下，鳥類體型非常嬌小，對吧？不過牠們的壽命很長，可以活10～20年，其中有些鳥種的壽命甚至超過50年。

千萬不能因為一時衝動心想「我想養鳥」，便決定飼養鳥兒，請飼主先試著想像一下自己10年後或20年後的生活。在你想像的未來之中，也能像現在一樣繼續照顧牠嗎？

一起生活必定會有許多快樂的時光。但是，有時也會因為鳥寶的問題行為而感到煩惱。即使如此，一起生活到最後，並讓愛鳥幸福，是身為飼主最大的責任。

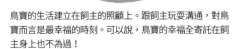

2 全家人一起疼愛牠

如果跟家人住在一起，一定要獲得所有成員同意再養鳥。照顧鳥寶時，也請大家互相協助。另外，飼養前一定要先確認家人中是否有人對鳥類過敏！

3 請準備良好的環境

你有辦法準備一個讓鳥寶感到舒適的環境嗎？如果家中還有其他可能對鳥寶造成危害的小動物，一定要將牠們的生活空間確實分隔開來。

關於放置鳥籠的地方 → P.52

注意 和鳥寶一起生活的動物

- ○ 猛禽類之外的鳥類、兔子、倉鼠
- × 狗、貓、雪貂

即使平常再乖巧的寵物也具有動物本能。因此請避免讓鳥寶和狗貓等在自然界中將鳥類視為獵食對象的動物住在一起。

飼養

該選擇雛鳥還是幼鳥？

選擇的關鍵是你能照顧到什麼程度

一般來說，只要從雛鳥開始照顧，鳥寶就比較容易親近飼主，也能大幅提升鳥寶上手的機率。「那麼，就養雛鳥吧！」你可能會這麼想，但是請暫停一下！決定要帶雛鳥或幼鳥回家時，最重要的關鍵是飼主能花多少時間來照顧鳥寶。

若決定飼養雛鳥，飼主必須每隔幾個小時就人工餵食一次（養育雛鳥的方法→P154）。由於雛鳥身體容易出現問題。因此必須非常小心注意管理雛鳥的身體狀況。

雛鳥

- 由飼主親自餵養長大，比較親人。
- 不曾和鳥爸媽或兄弟姊妹一起生活，學不到鳥類的社會生活。
- 學不會鳥類的社會生活，有時會導致牠無法順利和人類建立關係。可能會因為壓力而出現啄羽現象（→P.114）或用力啄咬人類。
- 將來準備飼養第2隻時，兩隻鳥寶可能無法親近。
- 飼主難以餵食。

幼鳥是已經不需要人工餵食的鳥兒

若決定飼養幼鳥，為了防止鳥寶到飼主家後出現無法自行進食之類的問題，因此大部分寵物店傾向等鳥寶可以自行食用飼料後再出售給客人。

無論雛鳥還是幼鳥，選擇跟鳥爸媽及兄弟姊妹一起長大並受人疼愛的鳥兒是最好的。

重要的「社會化期」

鳥類在幼鳥時期會進入「社會化期」。牠們在這段時期體驗過的事物，將影響到將來的個性。為了讓牠們習慣人類或其他鳥類，並且不會害怕未知的事物，社會化期間最重要的是讓牠們多多接觸人類和鳥類，以及各種不同的事物。

幼鳥

- 不用親自餵食，因此即使要外出工作也能照顧得好。
- 若和鳥爸媽及兄弟姊妹一起長大，便能學會鳥的社會性。（有的寵物店會將每隻鳥寶分籠飼養。若是這種情況，就學習不到社會性）
- 有比起人類更喜歡其他鳥類的傾向。
- 若無親自餵食讓鳥寶習慣人類的手，將來可能會害怕人類的手。

飼養

帶鳥寶回家的時期與健康檢查

帶雛鳥回家，選擇春季或秋季最好

在自然界中，夏天和冬天原本就是不適合產卵的時期。即使在繁殖業者飼養之下，夏冬兩季也很難正常繁殖，因此若想飼養雛鳥，選擇春天或秋天最為佳。

雛鳥特別容易因為溫度變化導致身體不適，因此若是在夏天或冬天帶雛鳥回家，必須更加小心注意管理溫度和濕度。

另外，無論雛鳥還是幼鳥，找到中意的鳥寶後，首先先確認一下寵物店或繁殖業者家裡的飼養環境，以及鳥寶的健康狀態。還有一點也很重要的是，請對方實際上讓你摸摸鳥寶。如果鳥寶會害怕人的手，表示牠可能還不習慣人類。

帶回家前先確認一下！

除了確認對方的飼養環境和鳥寶健康狀態外，
如果有什麼在意的事，請儘管詢問對方！

1 確認環境

鳥寶原本居住的鳥籠是否有仔細打掃乾淨？吃過的飼料是否丟著未清理？帶回家後，把家中鳥籠擺飾改裝得和牠以前生活過的鳥籠一樣，鸚鵡也會安心不少。

2 確認鳥寶的相關資訊

除了生日、病歷和個性之外，也要記得詢問鳥寶以前食用的飼料。鳥寶很容易因為環境變化導致身體不適，因此帶回家後，最好先暫時給予一樣的食物。

確認事項

- ☐ 生日
- ☐ 生活圈
- ☐ 病歷、檢查過的疾病
- ☐ 以前食用的飼料
- ☐ 個性
- ☐ 飼養環境的溫度

鳥寶的健康檢查表

身體

- ☐ 眼睛明亮有神，眼周乾淨，沒有分泌物
- ☐ 沒有流鼻涕，鼻孔周圍乾淨
- ☐ 羽毛漂亮完整不稀疏（成鳥）
- ☐ 鳥喙沒有變形
- ☐ 屁股乾淨，沒有沾到糞便
- ☐ 糞便正常

- ☐ 呼吸時不會咳嗽或發出氣泡聲
- ☐ 腳趾有力，可以確實握住物體

個性・外觀

- ☐ 不會害怕人類的手
- ☐ 有精神
- ☐ 食慾良好
- ☐ 羽毛服貼，沒有膨起

注意 鳥類不易判斷性別！

很多飼主都遇過帶鳥寶回家前在寵物店問到的性別跟實際上不同的情況。這是因為年輕的鳥寶很難判斷公母。飼養前要有心理準備，鳥寶性別可能跟你想像的不同！

飼養

帶第二隻鳥寶回家

有家人的話，就算只養一隻也不寂寞

鸚鵡在野外是群居的生物。因此，比起只養一隻看家，養兩隻以上會更令鳥寶安心。但是，如果鳥寶已經將飼主認定為牠的伴侶，受地盤觀念影響，有的鳥寶可能會無法接納新的鸚鵡。即使是可以成對飼養的愛情鳥，也有個性合不來的案例。

準備飼養第二隻鳥寶時，切勿隨便決定，應先考量原本那隻鳥寶的個性再判斷。

飼養兩隻以上的好處・壞處

鸚鵡是一種很怕寂寞又不擅長獨處的動物。如果飼主長時間不在家，即使分住不同籠子裡也沒關係，只要附近有夥伴就能令牠們感到安心。而且感到無聊的時間也會減少。只不過，將兩種不同種類的鳥放在同一個鳥籠中，牠們可能會啄咬對方；就算是相同種類的鳥，也有可能因為個性不合而無法同居。

飼養第2隻的方法

首先帶新來的鳥寶接受健康檢查！

若要飼養新的鳥寶，記得先帶去醫院接受健康檢查，看看牠身上是否感染了什麼疾病。清楚掌握牠的健康狀態之前，請放在其他房間飼養，至少隔離一個月。

先讓牠們隔著鳥籠見面

一開始先將牠們的鳥籠放在同一個房間並保持距離，讓牠們熟悉彼此的存在！如果沒有問題，再將新來的鳥寶籠子移到原本那隻的鳥籠旁邊。

照顧時，以原本的鳥兒優先

鸚鵡很會吃醋！為免因為照顧新鳥寶，導致原本的鳥寶吃醋，餵食飼料、打掃鳥籠，以及一起玩耍時，都應該先從原本的鳥寶開始！

暫時不要移開目光

在牠們習慣彼此的存在之前，當然要好好盯著牠們；就算習慣之後，一起放出籠子玩耍時，也不可以移開目光。再乖巧的鳥寶，也可能會因為進入發情期之類的關係，變得具有攻擊性。如果發展成激烈的打鬥，也有可能引發流血事態。

BIRDSTORY'S STORY

鸚鵡飼主的家常便飯

PART 2

帶鳥寶回家吧

立刻準備帶鳥寶回家吧！但帶回家之前，
首先要先做好飼養的準備。
確實掌握跟鳥寶生活需要什麼物品，
以及牠們適合什麼樣的環境吧！

帶鳥寶回家前的準備

鳥籠外面也要準備放牠們出來時可以玩的玩具！為避免牠們玩膩了，可以準備幾個輪流替換！

和鳥寶玩耍→P.94

準備站臺式的棲木，讓牠們出籠放飛時可以休息。測量體重等情況下也能派上用場。

測量體重→P.80

帶回家之前先準備好鳥籠！

從寵物店等地方接回鳥寶之前，希望大家可以先準備好鳥籠。

鳥寶一日之中會在鳥籠中度過大半天的時光，因此鳥籠可以說是鳥寶的「家」。請參考左頁，事前為鳥寶設置一個可以輕鬆無憂、舒適生活的鳥籠吧！

另外，如果飼養的是仍需人工餵食的雛鳥，剛開始可以參考P155，準備雛鳥用的產品就OK了。並請記得在雛鳥可以自行進食並且改成籠子飼養前，先準備好鳥籠。

準備鳥籠時，也別忘了準備鳥兒生活所需的飼養用品（選擇飼養裝備的方法→P46）

鳥籠裡會不會放了太多東西？

- 棲木2根即可
- 玩具安裝在兩端，數量1～2個
- 保溫燈設置在鳥籠外側

玩具

吊掛型玩具有時候會勾到翅膀，令鳥寶陷入恐慌。選擇適合家中鳥寶個性的玩具。

棲木

慎選安裝位置，避免妨礙鳥寶移動。尤其是文鳥，設置2根平行棲木，棲木保持距離讓鳥寶可以前後運動為佳。

溫濕度計

為了維持鳥寶健康，必須管理溫度及濕度。即使放在室內，也會隨著場所不同而產生溫度差異，因此請將溫濕度計放在鳥籠旁邊。

保溫燈

寒冷的季節要另外準備保溫燈。為避免燙傷鳥寶，請安裝在不會直接接觸到鳥寶的位置。

水杯

水杯也要放在鳥寶容易飲用的位置。給予貝殼粉（→P.70）時，必須另外放一個容器裝貝殼粉[20]。

飼料碗

飼料碗要放在鳥寶容易進食的位置！建議放在棲木附近。

20 日本多使用牡蠣殼磨製而成的貝殼粉，而臺灣市售的產品則多為罐裝鈣粉、礦石及墨魚骨等等。

鳥窩的飼養裝備

記得帶回家前先準備好

飼料碗・水杯

使用鳥籠裡附的也OK。但是如果容器太深，不容易進食的話，請換成較淺的容器。

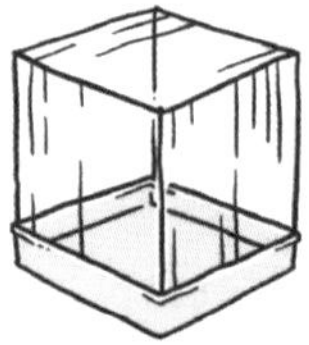

鳥籠

配合鳥寶的體型選擇合適的尺寸吧！

詳情請見→P.48

溫濕度計

記得時常確認溫度、濕度。放在鳥籠附近，或直接裝在鳥籠上。

棲木

種類很多。請選擇適合鳥寶腳趾尺寸的棲木！

詳情請見→P.49

選擇飼養裝備時，應重視功能

決定飼養鳥寶後，首先應準備好生活所需用品，以萬全的態勢帶牠回家。

因為每天都會使用到這些用具，所以比起外型設計，功能更加重要！

- 鳥寶是否覺得舒適自在
- 有沒有造成意外的危險
- 是否方便飼主清掃

這三點是選擇時的重點。

另外，可能有的飼主會擔心「是不是準備一個巢箱比較好？」，但是巢箱會讓鳥寶更容易發情。無論飼養的是雄鳥還是雌鳥，如果不考慮繁殖的話，還是不要放入巢箱比較好。

帶雛鳥回家時所需準備
的用品，請看P155喔！

體重計

要維持鳥寶健康，控管體重是不可或缺的。推薦大家使用能以1公克為單位測量的廚房電子秤。

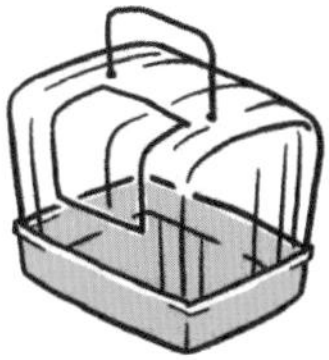

外出籠

帶鳥寶回家或去動物醫院看病時是不可或缺的。請選擇適合鳥寶體型的尺寸。

玩具

依材質和形狀不同，有許多種類。尋找出鳥寶最喜歡的玩具吧！

詳情請見 → P.94

保溫工具

寒冷季節來臨前一定要準備好！有保溫板型和保溫燈型。

有需要時，請一併準備

蔬果碗

青菜也是維持健康所需的食物。蔬果碗也有用夾子夾在籠子上的類型。

鈣粉碗

除了飼料碗之外，準備另外一個容器盛裝鈣粉。建議使用可以固定在籠子上的類型。

清掃用具

準備一組專門用來打掃籠子內外的用具。若有迷你掃帚或牙刷會更方便。

鎖頭

為防止鳥寶用嘴喙打開籠子門脫逃，記得在鳥籠門上鎖！

顏色

光是籠子網片就有黑色、白色，以及不鏽鋼銀色等等。使用電鍍鳥籠時要注意，萬一鳥寶啃咬生鏽的部分，可能會造成內部金屬裸露。

使用方便

無論放鳥寶出籠，還是將鳥寶收回籠子時，鳥籠都是主人和鳥寶進行互動的重要場所。請以是否方便鳥寶進出，以及是否方便每天打掃為基準，來選擇鳥籠。

選擇鳥籠的方法

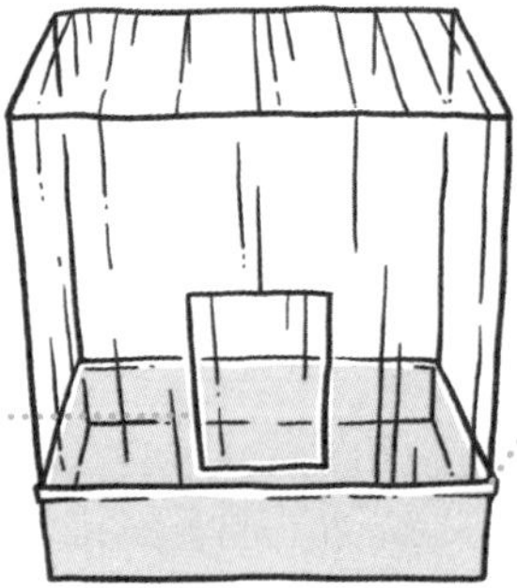

正面門片可以往外開的籠子，比較容易與鳥寶進行互動！

為避免拉出便盆清洗時，鳥寶從抽屜開口逃跑，附有圍片遮擋會比較安心。

尺寸

選擇適合鳥寶體型的鳥籠為佳。選擇鳥籠時要注意雞尾鸚鵡（玄鳳）等尾羽較長的鳥寶。請準備不會讓尾羽勾到籠子網片的尺寸。鳥籠太小，很可能變成鳥寶受傷或尾羽受損的原因。

若飼養一對桃面愛情鸚鵡，請選擇比單養1隻時更大的籠子

燕雀用（文鳥等）
鳥籠大小
長32×寬26cm左右的鳥籠。

小型鸚鵡用（虎皮鸚鵡等）
鳥籠大小
邊長約35cm左右的鳥籠。

中型鸚鵡用（雞尾鸚鵡等）
鳥籠大小
邊長約45cm左右的鳥籠。

大型鸚鵡用（非洲灰鸚鵡等）
鳥籠大小
邊長45cm、高60cm以上，網片柵欄厚2mm以上的鳥籠。

特大型鸚鵡用（琉璃金剛鸚鵡等）
鳥籠大小
邊長46cm高100cm以上，網片柵欄厚3mm以上的鳥籠。

選擇棲木的方法

天然棲木

適合成鳥。以尤加利樹或仙人掌莖骨（cactus）等天然材料加工製成棲木。樹枝粗細不一為其特徵。

or

人工棲木

經過加工，樹枝粗細一致的產品。推薦給還不擅長站立的幼鳥使用。

安裝型

可以安裝在鳥籠或家中牆壁上的類型。若要裝設在鳥籠上，請在籠子前後兩側各設置一根棲木，一上一下製造出高低落差最佳。

站臺型

請在房間中準備一座站臺型棲木。呼喚鳥寶「過來」及測量體重時可以派上用場。站臺型棲木也分為天然和人工兩種類型。

粗細

鳥寶腳趾抓住棲木時，腳趾可以握住棲木外圍$\frac{2}{3}$～$\frac{3}{4}$是最好的。但是，若老是站在粗細一樣的棲木上，很容易對腳趾一部分造成負擔。如果使用粗細不一的天然棲木，便可不用擔心。

以鳥寶的尺寸為基準選擇

選擇鳥籠或棲木時，最大的要點是尺寸。

太小的鳥籠會讓鳥寶將籠子視為巢箱，恐怕會促使鳥寶更容易發情。相反的，若籠子太大，有可能減少放鳥寶出籠遊玩時的樂趣喔。

棲木太細或太粗，都有可能對鳥寶腳趾造成負擔。

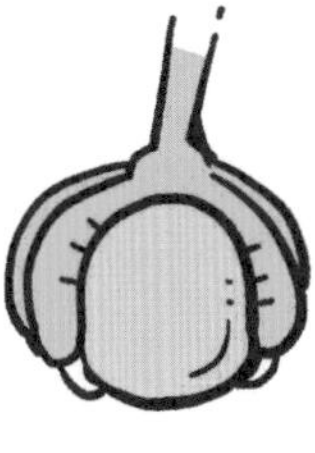

不適合放置鳥籠的地方

最好放在有人聚集的地方

有的飼主可能會為了鳥寶，考慮將鳥籠放在家裡「最安靜、沒人打擾的地方」，但是那是錯誤的做法。因為鳥寶很怕寂寞，牠們非常喜歡跟夥伴待在一起！

- 放在隨時都能看到的地方，以便立刻發現鳥寶的異狀
- 放在人多的地方，以免鳥寶感到寂寞

請將鳥籠放在符合這兩項條件的房間。

飼養數量超過一隻的家庭，只要將鳥籠並排，讓牠們能看見彼此，鳥寶就不會無聊了！

檢查放置鳥籠的場所

檢查適合．不適合放置鳥籠的空間。
請站在鳥寶立場思考一下你最想住的家！

✕ 玄關

玄關跟寢室一樣都是容易令鳥寶寂寞的場所。加上出入口附近溫差較大，因此請避免放置於玄關。

✕ 寢室

感覺很安靜、沒人打擾，但沒什麼人進出的寢室，會讓鳥寶感到寂寞，所以不適合。

✕ 廚房

會用到火或油的地方非常危險，所以不適合。就算鳥籠距離火源較遠，但是過去也有鳥寶吸入烹調時冒出來的油煙，或是鐵氟龍加工產品乾燒產生的氣體，導致身體不適、死亡的意外報告。

○ 客廳

最推薦有人在家時，有空調、電視聲響，以及最喜歡的飼主就在附近的客廳。另外，人多也比較容易注意到鳥寶的異狀。室內當然禁止抽菸！

好寂寞……

這裡太吵了，我們去其他房間吧！
為了愛鳥好，將牠放在安靜的房間……
呆～滯
結果，呼叫聲變得更激烈了……
嘎、
嘎、
將牠搬回客廳後，牠便停止呼叫
牠似乎很喜歡可以看見家人面孔的地方♪

適合鳥寶的溫度・濕度

溫度　25～27℃
濕度　50～60%

上述數值為健康成鳥的基準。若是雛鳥或病鳥，最好給牠們更溫暖的環境，鳥籠附近請維持在28～30℃。（通風問題也請一併考量）

養在套房裡

除了P.52的條件外，盡量將鳥籠放在遠離廚房的地方。另外，如果飼主就寢時間較晚，會一直開著燈的話，請記得過了一定時間，就用可以遮擋光線的黑布蓋住鳥籠，讓鳥寶休息。

準備

鳥籠該放在哪裡？

重點是那個場所是否安全！

放置鳥籠的地方，最需要小心的重點為下列兩項。

- 不容易發生意外的地方
- 不會危害鳥寶的健康

請避免將鳥寶放在吃下去可能會中毒的物品附近，以及冷熱溫差劇烈的窗戶或出入口附近，請找出鳥寶可以放心生活，不會有壓力的場所。

鳥籠其中一面靠著牆更好，鳥寶也比較能夠冷靜！

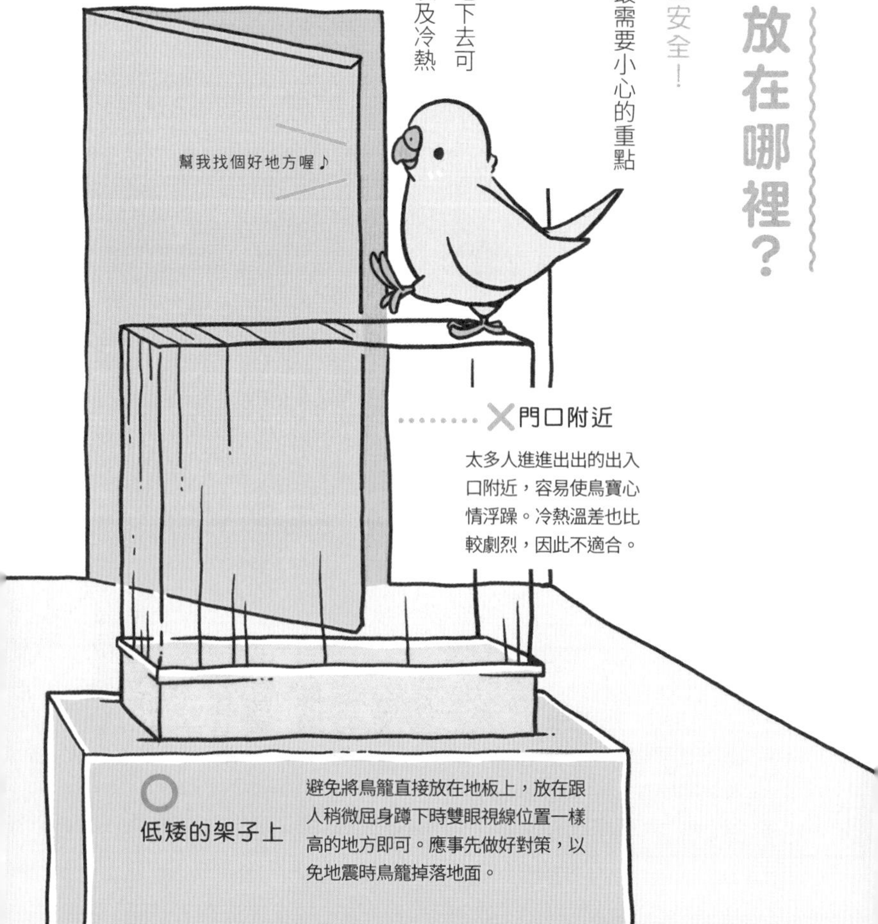
幫我找個好地方喔♪
✕門口附近
太多人進進出出的出入口附近，容易使鳥寶心情浮躁。冷熱溫差也比較劇烈，因此不適合。
○低矮的架子上
避免將鳥籠直接放在地板上，放在跟人稍微屈身蹲下時雙眼視線位置一樣高的地方即可。應事先做好對策，以免地震時鳥籠掉落地面。

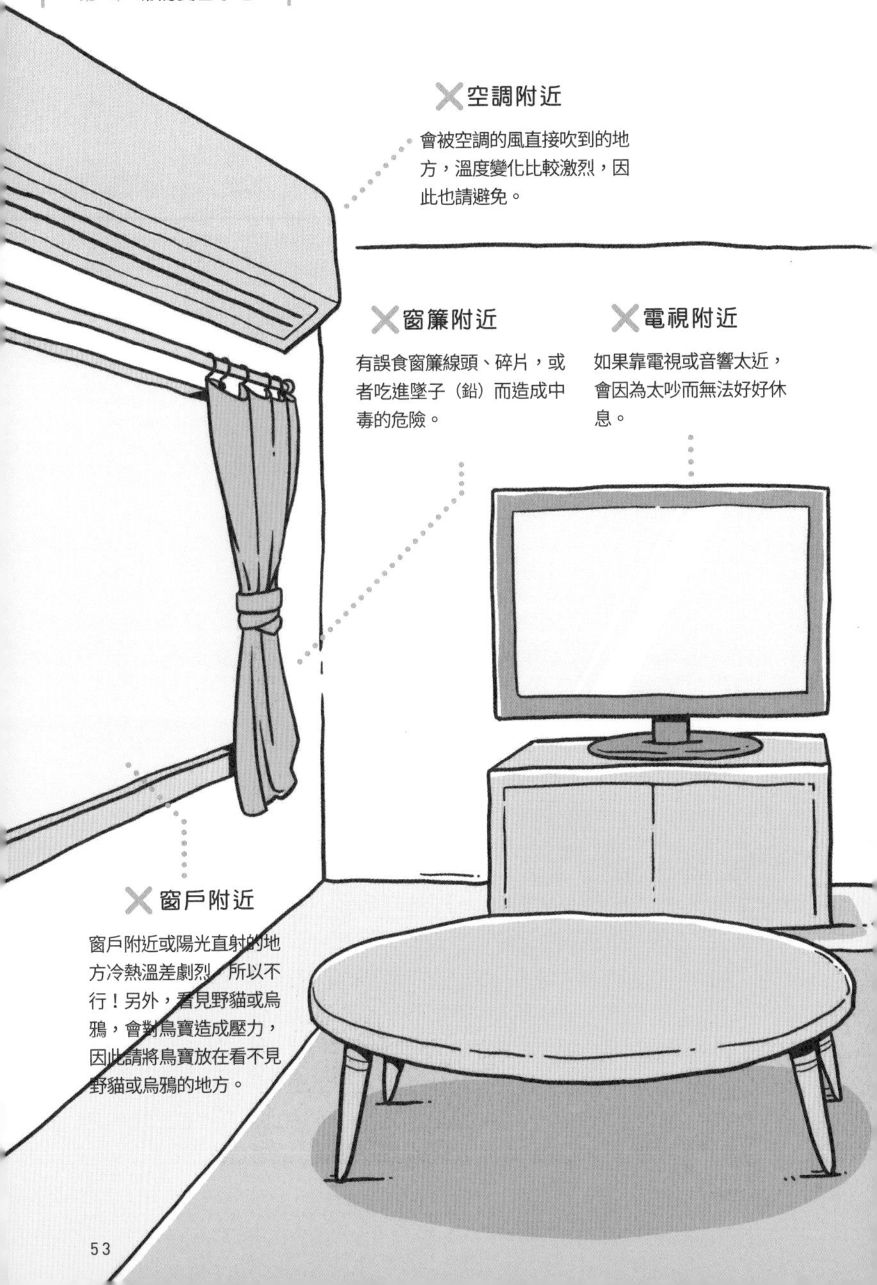

╳空調附近

會被空調的風直接吹到的地方，溫度變化比較激烈，因此也請避免。

╳窗簾附近

有誤食窗簾線頭、碎片，或者吃進墜子（鉛）而造成中毒的危險。

╳電視附近

如果靠電視或音響太近，會因為太吵而無法好好休息。

╳窗戶附近

窗戶附近或陽光直射的地方冷熱溫差劇烈，所以不行！另外，看見野貓或烏鴉，會對鳥寶造成壓力，因此請將鳥寶放在看不見野貓或烏鴉的地方。

帶回家～第一週的照顧方法（以幼鳥為例）

第一天先不要打擾，靜靜在一旁觀察！

帶回家當天，鳥寶應該會因不習慣移動，以及來到新環境而感到緊張才對。接到鳥寶後請立刻回家，將鳥寶放進籠子裡，讓牠好好休息。

我知道家裡有鳥寶到來，內心肯定會很興奮期待，但是請你努力按捺住興奮的心情。第一天請盡量不要撫摸鳥寶。給完飯之後，讓牠休息，不要過度打擾。

接回家後等經過2～3天，鳥寶也會慢慢習慣新環境。請仿效寵物店店員或繁殖業者對待鳥寶的方法接觸、撫摸鳥寶。

1day
迎接

上午去迎接鳥寶吧！

獲得更多時間適應新環境。另外一個好處是，如果下午鳥寶身體不適，還可以帶牠去動物醫院就醫。

迎接時攜帶的物品

- ☐ 外出籠、黑布
- ☐ 暖暖包
- ☐ 小米穗之類的點心
- ☐ 鋪在外出籠底部的紙巾或報紙

維持跟以前一樣的 室溫・濕度

環境變化是造成鳥寶身體不適的原因。請為鳥寶打造一個跟以前生活空間一樣的環境，如寵物店或繁殖業者家等等。

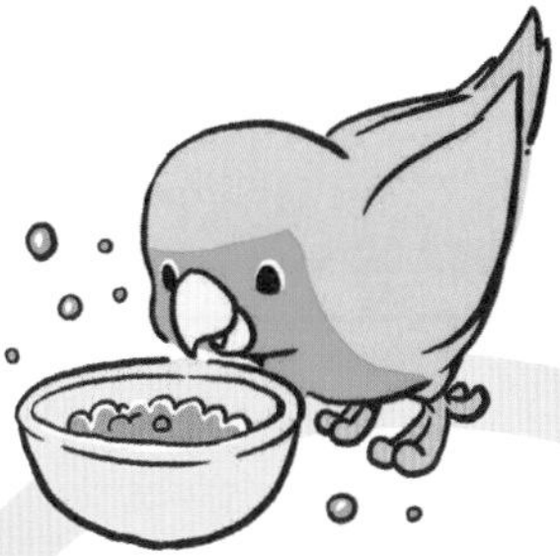

提供飼料和水

帶回家的路上，鳥寶應該什麼都沒吃才對。因此到家之後，請先給鳥寶一些飼料和水。帶回家的第一天，將鳥寶從外出籠移入鳥籠時，一定要量體重！

第一天靜靜地在一旁觀察

在鳥寶尚未適應環境前進行親密接觸，反而會給鳥寶帶來壓力。在鳥寶習慣前，飼主請忍耐，不要跟牠說話或玩耍。

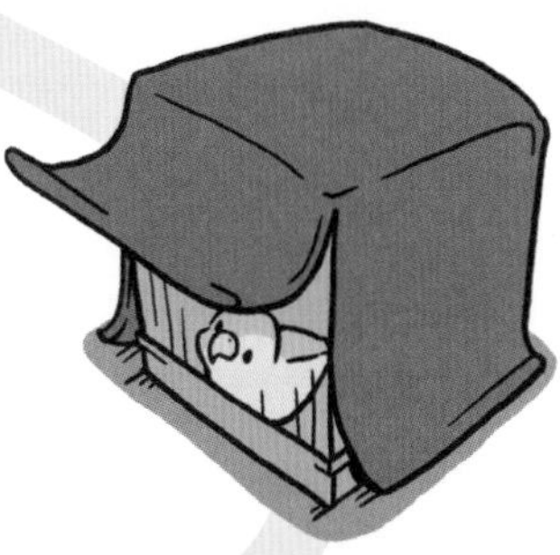

全家人都在的日子最好

鳥寶來的那天，是家庭成員增加的大日子！ 請全家一起迎接鳥寶的到來。另外，因為緊張及壓力之故，鳥寶很容易在第一天出現身體不適的症狀，因此請大家都要小心觀察鳥寶身上是否出現了異狀。但是，可千萬別全家人圍繞在鳥寶身旁吵鬧喔！

太陽下山後，在鳥籠外 蓋上黑布

迎接時先詢問鳥寶的就寢時間，讓牠可以在相同的時間睡覺。千萬不要掀開黑布盯著牠看喔！

2~3day

小嗶

從呼喚名字開始

呼叫名字時不要太大聲，請溫柔地呼喚牠。更換飼料及飲水時，也記得邊對牠說「我幫你換飼料喔」之類的話。

放鳥寶出來時，先從短時間開始

如果鳥寶看起來很鎮定，沒有表現出威脅的態度，就試著讓牠離開鳥籠出來外面幾分鐘吧！如果鳥寶不怕人的話，可以幫牠量體重，若體重減少，就盡量別讓牠出籠。

放飛的方法 → P.82

呼呼
呼呼

放鳥寶出籠時，必須先確認沒有危險才行!

接回家之後，盡快帶牠去醫院！

鳥寶可能從帶回家時，身上就有疾病了。決定要飼養鳥寶後，便應該先找好可以看鳥類的醫院，盡早帶牠接受健康檢查，檢查下列項目！

- ☐ 身體檢查
- ☐ 糞便檢查
- ☐ 嗉囊檢查
- ☐ 病症檢查

4～7day

每天固定時間放飛

經過約4天～1週之後，鳥寶應該已經熟悉新環境了！決定好時間，每天放鳥寶出籠運動，如早上30分鐘、傍晚1小時等等。

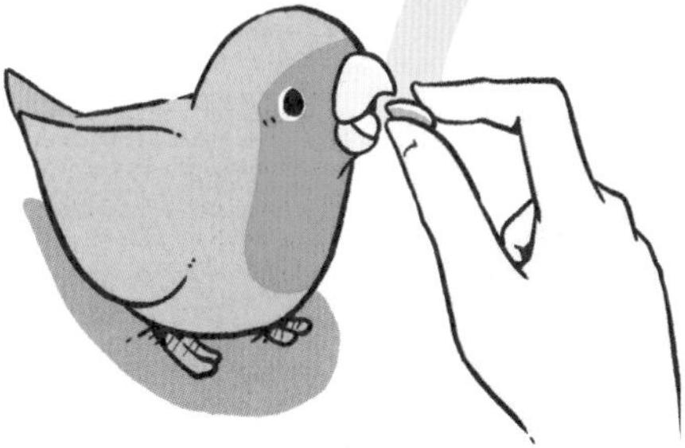

嘗試親密接觸

親密接觸的第一步，就是直接用手餵食點心。讓鳥寶心想「他給我好吃的東西！」，也能讓鳥寶對人類的手或飼主產生好印象。

習慣新環境所花費的
時間因鳥而異，所以
請不要心急！

等牠習慣新環境之後，帶牠去看看更多的人！

如果單由特定的一名人物負責照顧、接觸鳥寶，將來可能會導致牠變成一隻怕生的鳥兒，或陷入「只認一個主人（➜P.117）」的狀態。為防止這樣的情況，應該由全家人共同分擔照顧的責任；可以的話，也讓牠和家人之外的人類見見面。獲得越多經驗，越能讓鳥寶學會如何社交。

BIRDSTORY'S STORY

遇見香蕉

我家的黃化虎皮鸚鵡「香蕉」。我們是在寵物店相遇的
我記得牠當時還是需要餵食的雛鳥，巨大的籠子裡只剩下牠孤伶伶一隻這件事，也推了我一把，讓我決定帶牠回家
我以前曾經跟虎皮鸚鵡一起生活過
但是，看書和上網查了飼養方法後，才發現我不懂的還有很多
我或是請教醫生，或是去聽演講，努力學習各種關於鳥類的知識
現在的牠沒有什麼大病，每天都精神充沛地在家四處飛舞玩耍
我們現在可以對話，我問牠：「什麼時候呢？」牠就會回答：「現在囉！」每天都讓我開懷大笑

PART 3

日常照料與管理

每天的飲食、打掃鳥籠、

幫鳥寶洗澡或日光浴的方法、修整趾甲……

讓我們一起看看如何每天照料與管理鳥寶的生活吧!

鳥寶的一日生活與照料方式

6:00

飼主的工作

- ☐ 拿掉蓋住籠子的黑布

7:00

飼主的工作

- ☐ 測量體重
- ☐ 提供飼料和水
- ☐ 打掃鳥籠

避免打亂鳥寶的生活節奏

野生鳥類會隨著日出清醒活動，日落後便回巢睡覺。活動時間通常在清晨及傍晚。屬於晝行性的生物。

寵物鳥也一樣，早上掀開鳥籠黑布讓牠曬太陽，夕陽西下後便蓋上黑布讓牠睡覺，規律生活正是維持健康的祕訣。如果讓鳥寶配合人類熬夜，會害牠生理時鐘大亂，因此習慣在晚上活動的飼主要特別留心。

另外，如果每天的吃飯時間跟放飛時間不固定，會讓鳥寶感到困惑。記得按部就班地在固定的時間餵食打掃。

白天不在家的人……

無法在傍晚放飛的人，可以在早上放鳥寶出來飛個1小時左右。

7:00 → 12:00

一起玩吧～

飼主的工作

- ☐ 放鳥寶出籠，陪牠一起玩

曬太陽
好舒服喔～
昏昏欲睡…

12:00 → 17:00

飼主的工作

- ☐ 讓鳥寶進行日光浴
- ☐ 給鳥寶自行玩耍的時間

17:00

飼主的工作

- ☐ 檢查飼料和飲水，看剩下多少，並給予新的飼料和飲水
- ☐ 確認鳥糞的狀態
- ☐ 放鳥寶出籠

我吃飽了～♫

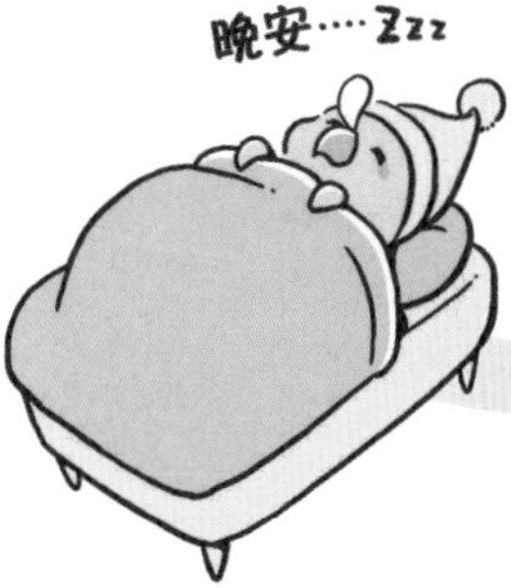
晚安….Zzz

18:00

飼主的工作

- ☐ 太陽下山後，幫鳥籠蓋上黑布

白天不在家的人……

如果因為工作晚歸，無法在太陽下山時就幫鳥籠蓋上黑布的話，可以裝設定時器，白天開著燈外出，等時間一到，定時器就會自動關掉電燈。

成鳥的營養學

注意維持營養均衡

鳥寶只能吃飼主提供的食物。即使陷入營養不足的狀態，也無法自行補充，因此可以說鳥寶的營養管理，全都得仰賴飼主。

鳥寶的飼料有滋養丸，是一種具備所有營養素的綜合營養食品。但是，應該也有許多人會說「我家那隻只吃穀物！」吧？如果選擇穀物飼料，要記得一併提供蔬菜與鈣質，否則很容易營養失調。

首先，讓我們先了解鳥寶不可或缺的營養素是什麼，好提供牠們營養均衡的飲食吧！

鳥寶不可或缺的營養素

為了維持家中鳥寶的健康，飼主一定要有營養素的相關知識！

蛋白質

不僅可以形成肌肉、內臟及羽毛，也是製造激素或酵素的材料，更是能量的來源。均衡攝取必需胺基酸是不可或缺的。

碳水化合物

提供鳥寶活動的能量來源。攝取過度會轉變成脂肪，儲存在體內。

維他命、礦物質

幫助三大營養素代謝。由於鳥類體內無法自行製造維他命與礦物質，因此必需從飼料中攝取。

脂質

除了是能量的來源之外，還有製造細胞膜、形成類固醇激素的材料、維持腦部功能的作用。必需脂肪酸得從飼料中攝取，但是攝取過度可能導致鳥寶肥胖，所以要多加留意！

產卵期或換羽期需要比平常更多的營養，所以請將飼料換成高營養型的滋養丸吧！

野生鳥類的食性

鳥類的食性可大分為四種。

穀食性

主食 穀物或種子類

- 虎皮鸚鵡
- 牡丹鸚鵡
- 雞尾鸚鵡
- 桃面愛情鸚鵡

果食性

主食 水果或堅果類

- 大部分的亞馬遜鸚鵡類
- 大部分的金剛鸚鵡類

但是，大部分鳥類都跨越這4種食性，食用各種不同類型的食物。

詳情請見鸚鵡圖鑑 → P.16～

蜜食性

主食 花粉或花蜜

- 吸蜜鸚鵡

吸蜜鸚鵡是分類上屬於吸蜜鸚鵡亞科的鸚鵡。為食用花蜜或柔軟果實，牠們的舌頭前端呈刷子狀。

雜食性

主食 植物或昆蟲

- 大部分的巴丹鸚鵡類
- 文鳥

巴丹鸚鵡類是指鸚形目鳳頭鸚鵡科中，如小葵花鳳頭鸚鵡、大葵花鳳頭鸚鵡、雨傘鳳頭鸚鵡等白色的鳳頭鸚鵡，以及輝鳳頭鸚鵡等黑色的鳳頭鸚鵡。

每天的食物

寵物鳥的食物

主食搭配副食品或營養補充品，
讓鳥寶攝取必需的營養。

主食

選擇穀物或滋養丸為主食。

穀物 → P.66　滋養丸 → P.68

點心・營養品

獎勵時再給予點心，營養品則用來補充營養。

詳情請見 → P.70

副食品

目的是補充不夠的營養。指蔬菜或鈣質。

詳情請見 → P.70

選擇穀物或滋養丸作為主食

穀物或滋養丸最適合當成鳥寶每天的食物。還可以再提供副食品或營養品，補充光吃穀物或滋養丸所不夠的營養。

知道應該給鳥寶什麼食物之後，下面是提供食物的方法。

每天早晚各一次，總共兩次，在固定的時間餵食。不要在吃剩的食物上補充飼料，應該把吃剩的丟掉後，再給新的飼料。穀物和滋養丸容易受潮變質，天氣悶熱的季節還有可能長蟲……。請倒入密閉容器中，放置在陰涼處保存。

另外，換飼料的時候一併換水，也比較衛生。

一起減重吧！

來，吃點心囉～
咀嚼
咀嚼
看牠吃得這麼香，我也忍不住嘴饞……
結果……
圓滾滾——
對不起……我們一起減重吧……
請確實管理愛鳥的體重！

1天的量

每天攝取的份量基準，大約是體重的10%，但實際上會隨鳥種或成長過程而有所不同。可以測量家中鳥寶每天食用的份量約幾克，再向獸醫諮詢牠應攝取的份量，這樣也比較令人放心。

給予可以維持理想體型的份量

配合體重調整

每天測量體重，確認飼料份量是不是太多或太少。產卵或換羽的時期（→P.124）體重會出現增減，因此請配合鳥寶體重調整飼料份量。

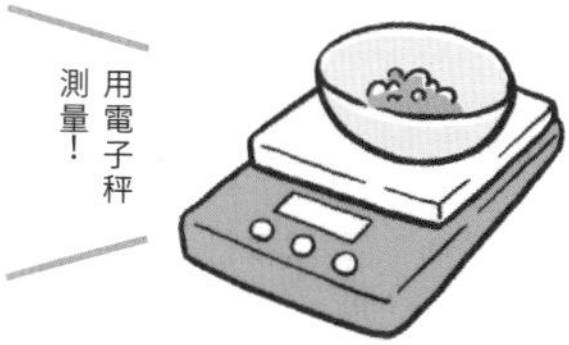
用電子秤測量！

關於喝水量

喝水量交由鸚鵡自行決定即可。只不過，明明不是換羽期或發情期，喝水量卻突然增加的話，有可能是罹患了糖尿病或腎臟疾病。如果喝水量太多，可以記錄下來，請教獸醫師。

以穀物為主食

注意營養不良與熱量過多

鳥寶的主食，最常見的就是穀物。選擇時，請注意下列兩個要點。

- 包含各種不同種類種子的綜合穀物
- 外殼還在的穀物

選擇綜合穀物的理由，是因為只餵食稗子或小米等少數一兩種種類，很容易造成營養失調。選擇帶殼的穀物，因為帶殼穀物營養價值比去殼的還高；不僅如此，也是因為剝殼這件事本身對鳥寶而言，是非常有趣的過程。

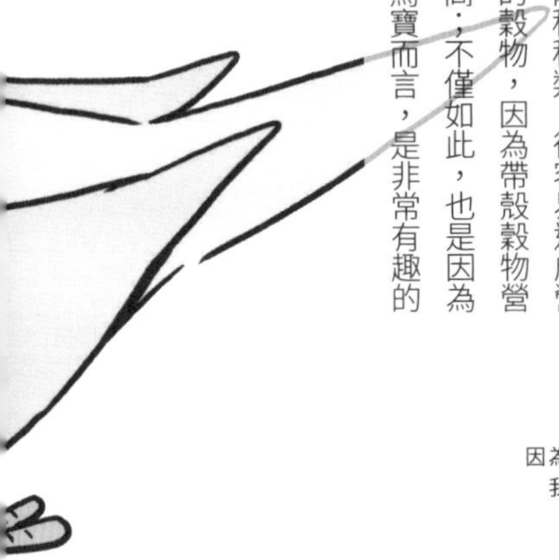

給予穀物的時候

若選擇穀物為主食，希望各位務必遵守下列兩點。
如果無法遵守，恐怕會造成鸚鵡營養不良……。

確認鳥寶有沒有挑食

就算給的是綜合穀物，鳥寶也未必會每種都吃。有的鳥寶會專挑加那利子之類嗜口性好的種子。那樣會造成營養不均衡，因此更換新飼料時，請確認鳥寶有沒有挑食。

一併提供副食品

即使每餐都確實提供穀物給鳥寶食用，也有一些營養素一定會不夠。那就是維他命和礦物質。若以穀物為主食，就要一併提供黃綠色蔬菜、鈣質、營養品等可以補充維他命和礦物質的食物。

基本的穀物

稗子、小米、黍米

低熱量、低蛋白質。請選擇帶殼的。由於黍米顆粒較大，不易消化，因此建議腸胃不好的鳥寶，應給予不含黍米的綜合穀物。

加那利子

高蛋白質，脂質含量也較上述三種多。偏好加那利子的鳥寶很多，因此要確認鳥寶是不是只挑加那利子來吃。

綜合穀物

綜合穀物指混合了稗子、小米、黍米、加那利子等不同種子的飼料。選擇下列幾項基本類型的種子混合而成的飼料為佳。

點心

燕麥、蕎麥

低熱量，蛋白質含量偏多。柔軟易消化，適合鳥寶腸胃狀況不好時食用。

亞麻仁籽

富含必需脂肪酸α-亞麻酸，對身體很好。只不過，脂質含量多，禁止過度食用。

葵花子

高熱量、高蛋白質。脂質含量也多，因此吃太多容易肥胖。只能偶爾給一次當作點心。

若以滋養丸為主食

理想的飼料是綜合各種營養的滋養丸

滋養丸是富含所有鳥類所需營養的綜合營養食品。因此，滋養丸比穀物更適合拿來當作鳥寶的主食。只不過，以前也有過一直都食用穀物的鳥寶，不肯吃滋養丸的案例。飼主可以分別給予滋養丸和穀物，如果鳥寶願意吃滋養丸的話，就減少穀物的份量。不肯吃滋養丸的鳥寶，可以將滋養丸磨成粉撒在穀物上，讓牠熟悉味道。

滋養丸種類豐富，有小型鸚鵡用、大型鸚鵡用，以及燕雀用等等。各種滋養丸的顏色和口感也不一樣。請耐心找出鳥寶願意吃的口味！

＊另有醫師建議滋養丸只能當副食品不能當主食來食用，食物的主食應當是穀物、蔬菜、水果。

從穀物換成滋養丸

千萬不能操之過急！
更換飼料的期間，要測量體重看看鳥寶有沒有乖乖吃。

要有耐心！

有的鳥寶會堅持不肯吃，不過請別放棄，多試試各種不同的滋養丸吧！

不可以直接換掉！

鳥類對食物非常堅持。突然更換食物，鳥寶可能會不肯吃。請確認鳥寶食用的狀況，慢慢更換。

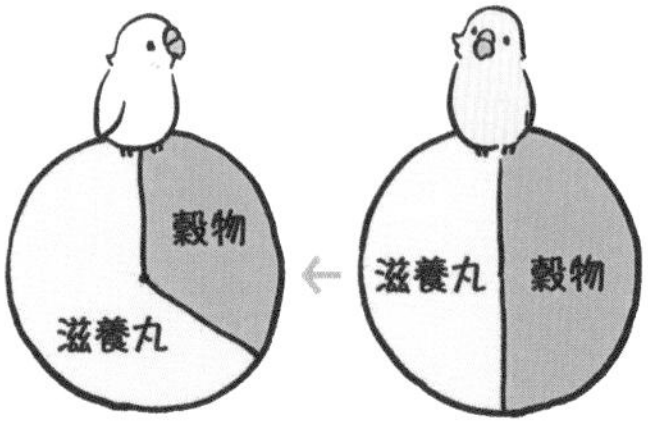

如果肯吃的話，就減少穀物的份量　　分別給予滋養丸和穀物

滋養丸的種類

我喜歡
天然的

顏色

從穀物換成滋養丸時，有的鳥寶會因為對色彩繽紛的彩色滋養丸感興趣，而願意嘗試。但是，彩色滋養丸的顏色容易殘留在糞便中，因此最終還是推薦鳥寶食用天然無著色的滋養丸。

我喜歡彩色的

大小

中大型鸚鵡、鳥喙較大或喜歡啃咬東西的鳥寶，可以給予大顆粒滋養丸。小型鸚鵡或不喜歡啃咬東西的鳥寶，給予容易食用的小顆粒滋養丸。

我喜歡小
顆粒的

依身體情況選擇

跟獸醫師商量之後，給予適合鳥寶身體狀況的滋養丸。

高營養型

高蛋白質、高脂肪。適合換羽期或發情期等需要能量的時期。

減重型

低脂肪。適合肥胖的鳥寶。

處方飼料

依各種不同疾病所需營養素調配而成的滋養丸（需要獸醫師的處方）。

也有換羽期
專用的喔

滋養丸種類繁多，因此如
果試了其中一種，鳥寶不
肯吃也沒關係，再找找其
他願意吃的種類吧！

給予副食品和點心

以黃綠色蔬菜補充營養

若以穀物為主食，光吃穀物會營養不足，因此一定要給予蔬菜或鈣質才行。

鳥寶可以藉著吃蔬菜補充維他命和礦物質。黃綠色蔬菜最適合食用，尤其推薦小松菜或青江菜。要補充不足的鈣質，可以提供墨魚骨（將墨魚骨頭乾燥加工製成）或貝殼粉（將牡蠣殼烘乾研磨而成）。

另外，即使是以滋養丸為主食，也需要提供蔬菜。可以讓鸚鵡藉由啃咬獲得進食的樂趣。以滋養丸為主食的鳥寶，可以不用另外提供鈣質。

蔬菜

蔬菜也有分可以吃的種類，和吃了會發生危險的種類。請確認你提供的蔬菜對鳥寶而言是安全的。

危險的食物 → P.72

小松菜　青江菜　紅蘿蔔

其他

- 豆苗
- 蘿蔔葉
- 巴西利（香芹）
- 蕪菁葉
- 彩椒
- 水菜　等等

鈣質・營養品

每天提供鈣質和維他命給食用穀物的鳥寶

鈣質

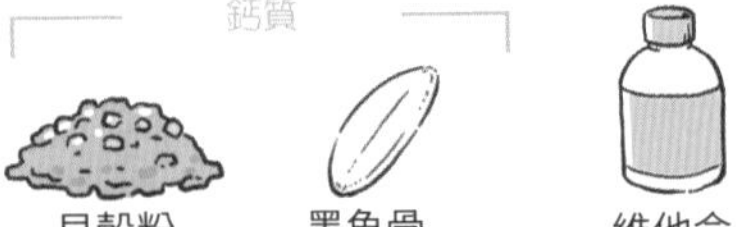

貝殼粉　墨魚骨　維他命

一般都認為要給寵物鳥食用礦土，但其實礦土容易引發腸胃障礙，所以盡量不要餵食！

點心只有「特別時刻」才給！

並非不能給點心。和鳥寶進行互動時，點心是不可或缺的工具。只不過，如果平常就有給點心的習慣，鳥寶轉眼就會變成胖鳥。鳥寶也不會覺得點心有什麼特別。所以，請把點心當成特別時刻的「獎品」，有效利用它吧！

給予點心的時機

比如，平常老是不肯回籠的鳥寶乖乖回去了，或是叫鳥寶「過來」的時候，可以將點心當成「獎品」使用。

- 互動時的一個環節
- 訓練時的獎品
- 生病時補充體力

水果·果乾

糖分和水分較多，因此以點心的基準來說，並不適合經常給予鳥寶食用。餵食的時候，只能給一點點！

小米穗

鳥寶得自己從莖上啄食，因此吃起來會比平常的主食更有趣好玩。給予太多會造成營養失調，請小心。

葵花子·蓖麻子

高熱量、高脂質，因此只能給一點點，請選在特別的時候再給。

穀物點心

市面上有販售以糖漿黏合穀物製成的點心。因為嗜口性和熱量都很高，所以請把它當成特別時刻的點心來使用。

點心

就算是平常食用的穀物，只要在給予的時候大力稱讚鸚鵡「好乖」，在獲得稱讚的喜悅影響下，普通的穀物也會變成美味的點心喔。

點心也要包含在一天的食物份量中！

寵物鳥和野生鳥類相較之下，很容易運動不足！吃太多容易發胖，因此如果給了點心，就要減少飼料的份量。

飲食

對鳥寶而言危險的食物

千萬不能
給!!
有中毒的危險
也要小心植物喔！

絕對禁止

抱子甘藍
水果種子
巧克力
酪梨
蔥類

有些食品吃了會致命！

上述幾種「絕對禁止」的食品，是鳥寶吃到之後會引起中毒。（榴槤、白花椰菜、菇類、蒜、洋蔥也不可食用）最壞的情況，甚至有致死危險的食品。也要注意放置在房間裡的食物，避免鳥寶不小心吃到，造成意外。

而「避免給予」的食品雖然不會導致中毒，但若長期攝取，則會對鳥寶身體造成影響。加上鳥寶不須特別攝取這些食物也無妨，所以請盡量不要給鳥寶食用。

除了上述列舉的食物之外，請給予鳥寶確認安全無虞的食物。另外，萬一吃到危險的食物，請立刻打電話諮詢獸醫師，並前往醫院檢查治療。

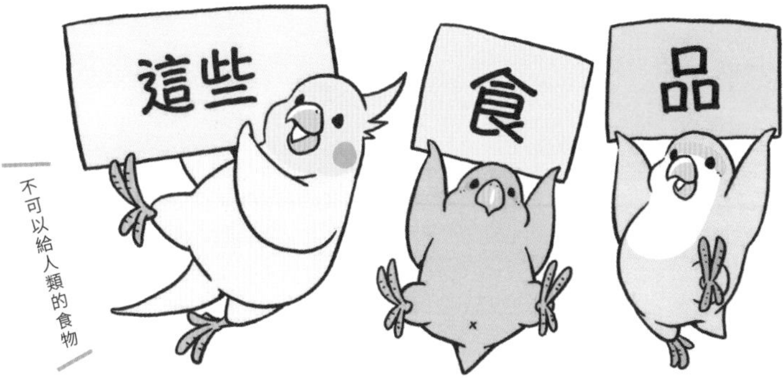
這些
食
品
不可以給人類的食物

避免給予

△
麵包
△
白飯
×
BEER
酒精類飲料
×
COFFEE
咖啡・茶

其他

- ☐ 菠菜
  （不能每天給）
- ☐ 綠花椰菜的花球
- ☐ 花菜

也要小心觀葉植物！

植物之中，有些種類吃了會致死。要掌握所有危險的植物，現實上不太可行。為了防止鳥寶誤食，請避免在鳥寶可觸及的區域內，放置不清楚是否安全無虞的植物。若實在無法移動植物的話，可採取其他對策，例如用布覆蓋植物等等！

- ☐ 孤挺花
- ☐ 杜鵑花
- ☐ 鈴蘭
- ☐ 鬱金香
- ☐ 牽牛花
- ☐ 聖誕紅
- ☐ 黃金葛
- ☐ 百合……etc.

花盆裡的土也不可以吃喔！

清潔打掃 維持舒適的空間

每天打掃鳥籠及周圍！

鳥籠是鳥寶一天之中度過大部分時光的地方。所以當然要幫鳥寶維持清潔的環境。骯髒的環境，是造成呼吸系統症狀等疾病的原因。鳥籠及周圍很容易因為羽粉、換下來的羽毛、排泄物等等變髒，因此請每天打掃鳥籠及周圍以保持清潔。

除了每天打掃鳥籠之外，每週、每個月還必須完成下頁的清潔工作喔！

事前準備好這些打掃工具

小掃把、畚箕
方便打掃鳥籠周圍。

口罩
避免吸入顆粒較小的糞便。

抹布
用來擦拭鳥籠跟附近區域。

把籠子打掃乾淨吧！

牙刷
刷洗欄網縫隙等小地方時，非常方便。

消毒劑
請使用寵物專用的消毒劑。

刮刀
用來刮除沾附在底網上的糞便。

每日清潔

清洗盛裝食物的容器

只用清水大略沖洗飼料碗和水杯，仍會留下髒污，所以請好好清洗乾淨。

更換飼料和飲水

每餐吃剩的食物＆喝剩的水，請全部丟棄並更換新的飼料和飲水。不可以直接在吃剩的飼料和水上面添加新的。

更換鋪在鳥籠底部的紙張

鋪在鳥籠底部的紙張，每天都必須更換。同時確認鳥寶排泄物是否出現異常。

每週一次的清潔

清洗底網

使用刮刀刮除沾附在底網上的糞便。同時順便擦拭清潔鳥籠底盤的抽屜。

每個月一次的清潔

拆解鳥籠，徹底洗淨

首先將鳥寶移到外出籠之中。取出盛裝食物的容器之後，將鳥籠拆開。

以清水清洗各個部分。小地方則可用牙刷清潔！

清洗完畢之後，用熱水沖洗消毒，然後擦乾水分，放在陽光下曬乾。未乾透的鳥籠容易滋長黴菌，所以一定要確實曬乾。

安全地洗個澡

洗澡也是玩耍的一種

鳥寶不一定需要洗澡。有些鳥寶將洗澡當成是一種玩耍的方式，有些完全不感興趣，有的則是偶爾洗一次就好。如果鳥寶並未主動過來玩水，也沒有必要強制牠，把牠想成是「不喜歡洗澡的類型」就好了。

另外，即使是喜歡洗澡的鳥寶，在身體狀況不佳、在飲水中投藥治療時，以及冬季，也盡量避免讓牠洗澡。

你們很喜歡洗澡，對吧？

洗澡時間到了～
一開始誰也不敢碰水…
敬而遠之
一隻開始之後…
撲通
大家接二連三跳下水
我也要！我也要！

建議的洗澡方式

❑ 使用沒有上蓋的容器

使用裝有上蓋的容器，恐怕會因為鳥寶出不來而造成溺死的意外。建議使用沒有上蓋而且較淺的容器。

❑ 不可使用熱水

熱水會沖掉覆蓋在羽毛上的油脂，進而導致羽毛失去保暖效果，鳥寶可能會因此生病！請務必使用常溫的清水。

❑ 避免幫病鳥和雙腳無力的鳥寶洗澡

幫病鳥和雙腳無力的鳥寶洗澡，有發生意外的危險。即使是喜歡洗澡的鳥寶，也要盡量避免。

透過日光浴打造健康的身體

每天進行日光浴以維持健康！

日光浴最重要的效果，就是促進鳥寶在體內製造光靠飲食無法攝取足夠份量的維他命D。以每天一次三十分鐘為基準，隔著紗窗進行日光浴，如果鳥寶不會害怕外頭的環境，也可以直接將鳥籠搬至屋外曬太陽。

但是，鳥寶身體不佳時不須勉強。另外，為了防止鳥寶在冬季感染禽流感，有野鳥來到住家附近時，也要避免讓鳥寶在屋外進行日光浴。

日光浴的效果

- 促進身體製造吸收鈣質所需的維他命D
- 穩定自律神經及荷爾蒙的平衡
- 轉換心情
- 新陳代謝變好

為了鸚鵡的健康，日光浴是不可或缺的。若飼主白天不在家，無法讓鳥寶進行日光浴，也可利用太陽燈。

在一旁守護鳥寶，觀察是否有其他動物靠近

檢查是否有貓或烏鴉等動物接近鳥籠。千萬不能讓鳥籠離開視線。

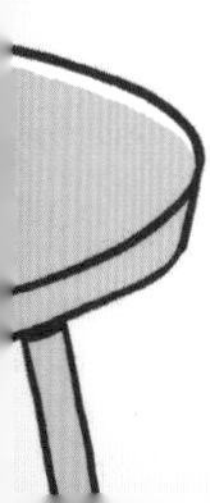

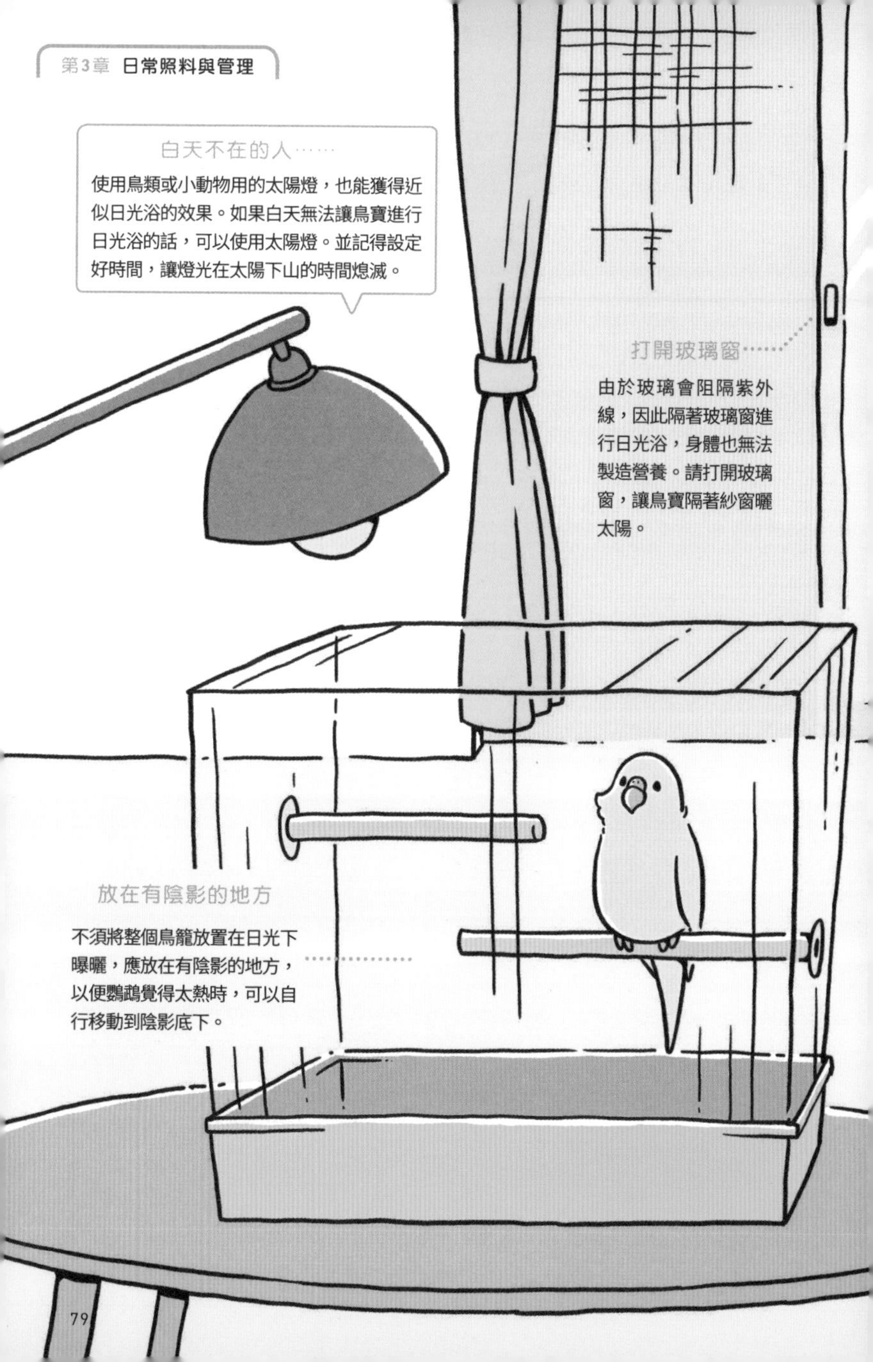

白天不在的人……

使用鳥類或小動物用的太陽燈，也能獲得近似日光浴的效果。如果白天無法讓鳥寶進行日光浴的話，可以使用太陽燈。並記得設定好時間，讓燈光在太陽下山的時間熄滅。

打開玻璃窗……

由於玻璃會阻隔紫外線，因此隔著玻璃窗進行日光浴，身體也無法製造營養。請打開玻璃窗，讓鳥寶隔著紗窗曬太陽。

放在有陰影的地方

不須將整個鳥籠放置在日光下曝曬，應放在有陰影的地方，以便鸚鵡覺得太熱時，可以自行移動到陰影底下。

記錄體重及食量

將測量體重加入每日照料的步驟中！

肥胖是萬病的根源，而體重驟減也可能隱藏著疾病。就體型嬌小的鳥寶而言，僅僅幾公克的變化，也不能輕忽大意。以五十克的鳥寶來說，少了五克，換成人類，等於少了五公斤左右！這麼一想，即使區區五克，也是非常巨大的變動。

鳥寶的體型可以藉由觸摸或測量體重來判斷，但是飼主要透過觸摸來判斷頗為困難，因此每天早上進食前，請幫鳥寶測量體重。

除此之外，每天記錄下鳥寶的食量、飲水量和特殊注意事項，醫生問診時也能派上用場。

鳥寶很容易對陌生事物感到恐懼。如果鳥寶會害怕體重計，可以先讓牠站在站臺上，或放進塑膠籠中測量。

POINT

最恰當的體重（體重基準➔P.16～）因鳥而異，請諮詢獸醫師。請使用可以測量到個位數的電子秤幫鳥寶測量體重。

每天的記錄

如果有任何在意的事，就記錄下來吧！如果可以知道鳥寶的食慾從何時開始減退，或是糞便狀態是如何改變的，也有助於醫師診療。

居家照顧表 → P.190

月／日	體重	食量	飲水量	特殊注意事項
4/1				
4/2				
4/3				
4/4				

請每天記錄「體重」。體重出現增減時，順便記下「食量」。有什麼令人在意的事情時，則一併記下「飲水量」和「特殊注意事項」！

① 體重

吃飼料前後，以及排泄前後的體重都不盡相同。建議各位在鳥寶吃早餐之前，先幫牠測量體重。無法在早餐前測量也沒關係，每天在同一時間測量即可。

② 食量

如果給的飼料是帶殼穀物，早上給予既定份量的飼料後，吹氣去除殘留在吃剩飼料裡的殼，並測量剩下的份量。用早上加入的飼料份量，減掉吃剩的飼料，即可求出鳥寶的食量。

③ 飲水量

如果鳥寶的飲水量穩定，則不須每天測量。但是，鳥寶大量攝取水分或尿量變多時，就必須測量飲水量。用早上給的水量，減掉更換時剩下的水量，就能計算出來。

④ 特殊注意事項

例如：鳥寶正在換羽，雌鳥有坐著不動、發情姿勢、產卵等，而雄鳥有吐料、磨屁股之類的行為等等，有任何特殊發現就記錄下來。

安全放飛的方法

放飛時的重點

遵守下列1～5點，
讓鳥寶享受舒適＆安全的飛翔時光吧！

1 切勿開啟門窗

確認門窗緊閉之後，再放鳥寶出籠。特別是窗戶開著，鳥寶不小心從窗戶飛走的話，可就大事不妙。放飛之前，請先跟家人說一聲。為了避免鳥寶撞上窗戶，別忘了拉上窗簾。

2 比時間長短，更應重視品質

不僅是為了防止意外，難得有時間可以跟鳥寶一起玩耍，所以請不要邊放飛邊做其他事情。好好陪鳥寶玩耍，鳥寶一定也會也開心才對。

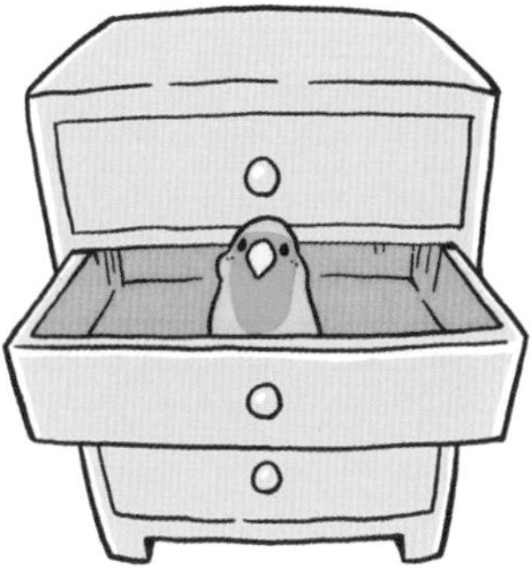

3 塞住所有縫隙

鳥寶會將狹窄的地方視為鳥巢。由於鳥巢的存在會促進鳥寶發情，因此請將抽屜或鳥寶容易鑽進去的櫃子縫隙全部塞起來之後，再放鳥寶出來。

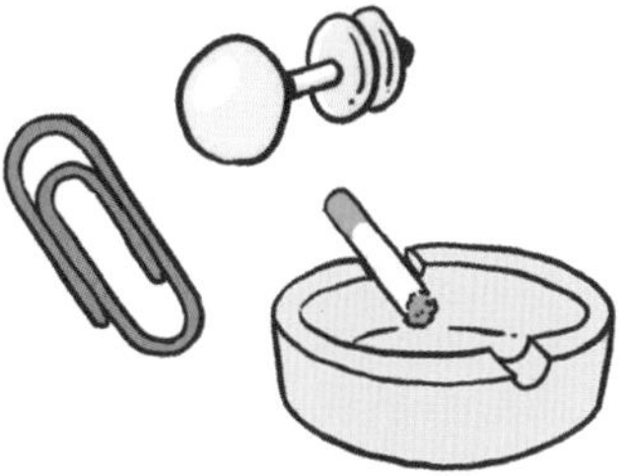

4 收拾好危險物品

請先將迴紋針或耳環等容易誤食的物品，以及香菸等會造成中毒的東西收拾好之後，再放鳥寶出來。鳥寶發生誤食意外都是飼主的責任，都怪飼主將物品丟在外面。

5 消除運動不足

寵物鳥很容易運動不足。為了消除缺乏運動的問題，建議可以每天放飛。在房間裡設置棲木或玩具。提供鳥寶好玩的遊樂場所！

放飛是鳥寶的樂趣之一

希望大家可以每天放鳥寶出籠玩耍。決定好時間（比如早上三十分鐘、傍晚一小時）之後，請盡量遵守時間放飛。

因工作等緣故，傍晚不在家的家庭，可配合生活模式，改成早上放飛一個小時等。家裡還有其他人的話，事先告知他們「等一下要放飛」，以免家人在放飛時開門也很重要。

照料

剪趾甲的方法

不要勉強！

各位飼主可以在自己家裡幫鳥寶修剪趾甲，當然是最理想的，只不過依據鳥寶的反應，有時的確有困難。

硬抓住鳥寶剪趾甲會使鳥寶和飼主之間的關係惡化，得不償失。如果沒辦法自己修剪的話，求助獸醫師也不失為一個辦法。

避免造成鳥寶的心理創傷！

最該避免的是，讓飼主的手在鳥寶心中留下陰影。一旦鳥寶記住「手＝討厭的事」，只怕得耗費一番功夫才能重建彼此的關係了。飼主可以在幫鳥寶剪完趾甲之後給予一些點心，設法讓鳥寶對手產生良好印象。

剪趾甲時必須遵守下列事項

不可以用力！但是，力量太輕也抓不住鳥寶。
重點是斟酌力量和讓牠習慣。

鳥寶害怕就停止

「我家那隻看到什麼都怕！」如果鳥寶生性膽小，很可能會因為剪趾甲的恐懼，將飼主的手視為敵人。所以請放棄自行修剪，拜託動物醫院吧！

鳥寶抗拒就不再勉強

如果鳥寶抗拒掙扎，就等下次再剪。死纏爛打，反而會讓鳥寶討厭飼主，所以過幾天再挑戰吧！

準備止血粉

幫鳥寶剪趾甲，可能會不小心剪到血管。因此，一定要事先準備好止血粉。止血粉使用市售貓狗用的產品即可。將止血粉塗在出血的地方，輕壓數秒。如果血還是流不停的話，請盡快帶去動物醫院。

鳥寶流血了 → P.183

幫中小型鸚鵡・文鳥剪趾甲

工具

建議使用修剪電線用的斜口鉗，或是小動物用的趾甲剪。只修剪趾甲前端尖細的部分，避免剪傷血管。

剪的位置

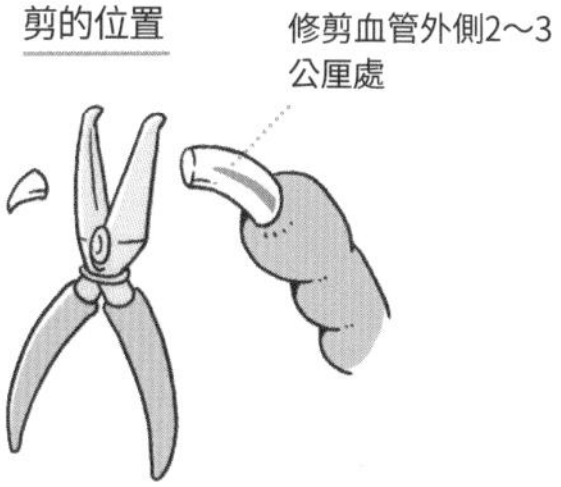

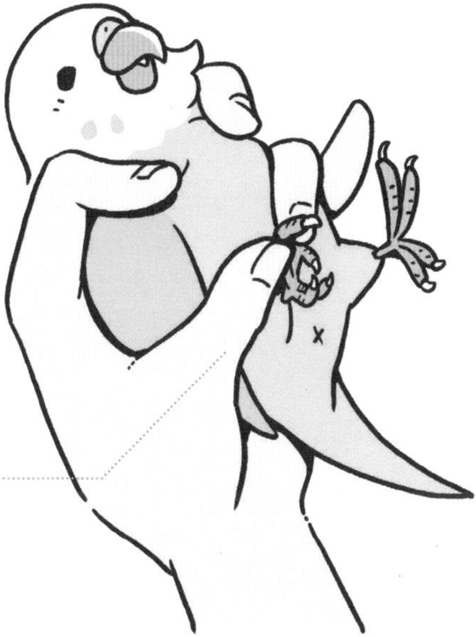

以拇指和無名指固定腳爪

盡量用最快的速度剪完，避免鳥寶受傷。如果無法在1天之內剪完全部的趾甲，可以改天再繼續。

幫大型鸚鵡剪趾甲

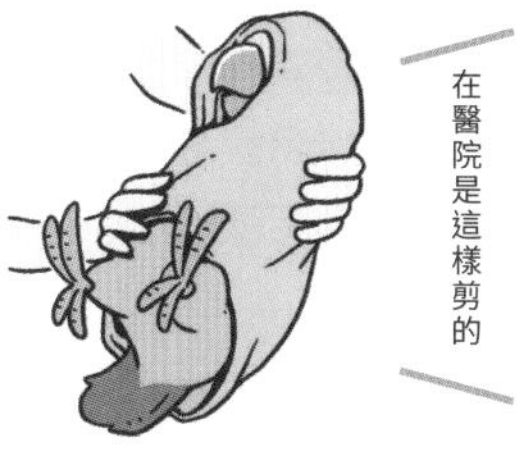

固定後修剪

2人1組進行，其中1個人負責固定鸚鵡防止牠掙脫。重點是用毛巾蓋住牠的臉，不能讓牠知道是誰剪的。

趁牠站在棲木上時修剪

幫大型鸚鵡剪趾甲，最好的方式，還是訓練牠在不需要包起來固定的狀況下，乖乖站著讓人剪趾甲！盡量趁牠站在棲木上時，速戰速決地修剪趾甲。剪完之後要好好褒獎牠。

BIRDSTORY'S STORY

小心鳥寶逃跑！

投稿！

虎皮鸚鵡・小酷

盛夏的某一天，我一時疏忽在放飛時打開窗戶，讓虎皮鸚鵡小酷飛走了……
我連忙戴上遮陽帽，拿著小酷最喜歡的鈴鐺和哨子出門搜索
邊走邊搖鈴吹哨的我，顧不得丟臉，緊張地四處尋找
嗶
嗶
叮鈴
叮鈴
叮鈴
突然間，小酷對哨子產生反應，叫了一聲
啾
找到了！
我衝上前去，但小酷看見跟平常打扮得不一樣的我，露出警戒的模樣
我趕緊摘下帽子，恢復平常的模樣，好不容易才捕獲牠！然後平安帶牠回家，直至今日
放飛時開窗戶這件事……我深深反省過了。請各位也一定要小心……

PART 4

和鸚鵡玩耍

陪牠聊天、一起玩耍，和鳥寶玩耍，樂趣無窮！

飼主越常和鳥寶互動，感情也會變得越深厚喔！

上手訓練注意事項

進一步加深你們之間的感情吧！

鸚鵡的幸福，來自於飼主的互動。如果能上手的話，互動的範圍也會變得更寬廣，為你們打造更加深厚的關係。

請按照左頁的步驟，讓鳥寶慢慢習慣你的手。如果飼主因為不順利，而心浮氣躁，鸚鵡也會感受到你的緊張。請記得要配合鸚鵡的節奏，一步一步慢慢來。

上手訓練可視為互動的方法

從站在手上吃飯，到躺在手掌上打滾♡上手訓練可以一口氣縮短鸚鵡和飼主的距離。另外，不是只透過玩具玩耍，而是直接接觸遊玩，因此遊戲的選擇性（➜ P.98～）也會增加不少喔♪

上手訓練方便每日健康檢查！

可以觸摸鳥寶全身，鉅細靡遺檢查牠的健康。也可先讓鳥寶習慣人類的手，將來為了治療或照顧需要固定牠的身體，不讓牠亂動時，也不會對鸚鵡造成壓力。

如果是不習慣人的手，又不親人的「兇鳥」，有可能會花上很多時間。禁止強迫勉強！

上手訓練STEP1・2・3

讓鳥寶記住「手並不可怕」。
在鸚鵡習慣手之前，花時間耐心地慢慢練習吧！

1 打造你靠近牠也不會逃跑的關係

突然伸手抓住鳥寶會令牠產生戒心，所以是行不通的。首先，先設法縮短你和鸚鵡之間的距離吧！請在放飛等期間，鸚鵡較為放鬆時悄悄接近牠。可以出聲呼喊牠的名字，讓牠習慣飼主在身邊這件事。

採取點心戰略

用鳥寶最喜歡的點心引導牠。讓鳥寶多體驗幾次「吃完點心之後才發現自己站在主人手上」的經驗，也是讓牠習慣人手的方法。

2 食指輕輕伸出

手放在肚子下緣

邊對牠說「上來」或「過來」，邊伸出食指。手指位置應放在鳥寶肚子下緣，方便牠將腳放上去。請不要移動，靜靜等待牠主動站上手。讓鳥寶自己產生「好想站在手指上！」的心情，才是最重要的。

3 單腳放上來就OK了

只要鳥寶伸出一隻腳放在手指上，上手訓練就算成功了！等牠雙腳都站上手指之後，檢查牠似否表現出害怕的模樣。要牠從手指下來時，要對牠發出「下來」的指示。只要多重複這個步驟幾次，鳥寶很快就會學會如何上手。

不站手指或肩膀，而往頭上飛的鳥寶…

這種鳥寶可能覺得「自己比較偉大」。請注意，不要讓鳥寶站在比飼主視線更高的位置。

玩耍

教鳥寶說話

鳥寶為什麼會說話呢？

因為我想模仿我最喜歡的主人

非洲灰鸚鵡等大型鸚鵡較擅長說話。牠們能夠記住許多詞彙，有的鳥寶甚至還能配合狀況選擇用字，與主人對話。

因為人家想吸引別人的注意啊！

有些鳥寶雖然不擅長模仿人說話，但可以模仿物品的聲響。模仿家中飼主會產生反應的家電聲響，對牠們而言再好玩不過了。

我不擅長模仿人說話，但我很喜歡跟人互動喔！

有些鳥寶雖然不擅長說話，但跟其他鳥寶一樣也想和主人互動。所以請飼主反過來模仿鸚鵡的叫聲吧！

練習說話

鸚鵡模仿飼主說話，其實是想藉著使用同一個字彙，來和飼主溝通互動。只要飼主正確教導，牠應該就能說得越來越好才對。

只不過，說得好不好會因鳥種產生差異。一般而言，據說大型鸚鵡或公虎皮鸚鵡較擅長說話，玄鳳鸚鵡擅長唱歌，而桃面愛情鸚鵡等則不擅長模仿人類的聲音。性別和個體差異當然也會造成影響。

請懷著「如果牠會講話的話就好了♪」的想法，不要強求，快樂地練習說話，做為你和鳥寶互動的一部分吧！

\ 投稿! /

上當了

環頸鸚鵡・小琳

先在浴缸放熱水吧!
哎呀,水好像已經放滿了
嗶—嗶—
真奇怪……水明明還沒放好啊……
嗶、嗶—
犯人原來是我的愛鳥……笑

早安
歡迎回家
晚安

以擅長說話的鳥寶為目標

為了讓鳥寶能說出符合情況的話,早上對牠說「早安」、想睡時說「晚安」、出門時說「路上小心」、返家後說「歡迎回家」,跟牠說話時要多放一點感情。

*因為是希望鸚鵡記住(說)的話,所以不能說「我出門了」或「我回家了」。

搞什麼!
喂!

記住之後,很難矯正!

批評別人或生氣時忍不住加入太多情緒的聲調,對鸚鵡而言是很容易記住的聲音。想矯正牠學會的字彙非常困難,因此不希望牠學會的字,請注意千萬不要在鸚鵡面前說出口。

玩耍

和鳥寶肢體接觸

鳥寶最討厭的就是寂寞

對於在野生狀態下總是有同伴在身邊的鳥寶而言，肢體接觸是理所當然的。牠們非常害怕孤獨。

但是，如果只飼養一隻，鳥寶唯一能接觸的對象只有飼主，而且飼主還不能整天陪伴在身旁……。這會讓鳥寶寂寞得不得了。因此，當你和鳥寶處在同一個空間時，請積極地與牠進行肢體接觸！

親手餵牠吃點心

若隔著鳥籠親手餵食，即使是害怕人手的鳥寶，說不定也會願意吃。只要多重複幾次，消除牠對手的恐懼感，就能成為訓練牠上手的第一步。

準備牠喜歡的玩具

給牠看牠喜歡的玩具，等鸚鵡顯示出興趣，再放進鳥籠裡。讓牠感受「鳥籠裡面也很好玩」。

對牠說話

說話互動很重要。就算在其他房間，也要記得隨時跟牠說話。如果只有人類自己聊得興高采烈，會讓牠產生疏離感，請小心。

放飛時

抓癢是肢體接觸的第一步！

這裡所謂的抓癢，是指整理羽毛。鸚鵡會幫牠喜歡的對象整理羽毛。飼主幫鳥寶整理羽毛，會讓你們之間的感情變得更好喔！

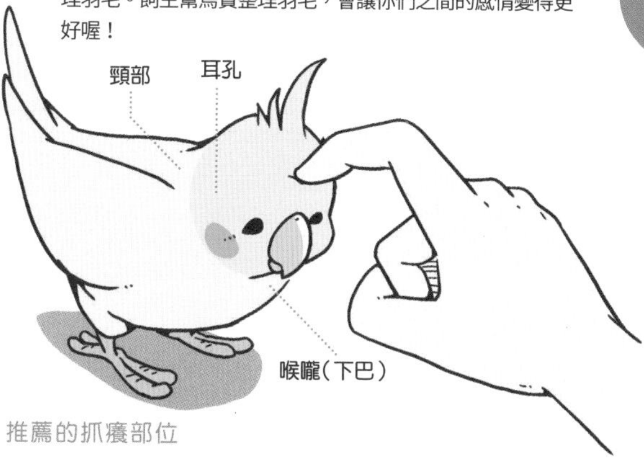

推薦的抓癢部位

鳥寶最喜歡的地方有耳朵、頸部和下巴。輕輕幫牠抓癢，牠會露出迷濛的眼神，模樣看起來非常舒服。屁股、尾巴和翅膀較敏感，請不要隨意觸摸。

跟鳥寶一起玩耍時的3大重點

鳥寶最喜歡好玩的事情了！
跟飼主一起玩耍，更是加倍有趣！

詳情請見 → P.98～

1 鳥寶心情正好的時候！

玩耍時，如果看到鳥寶上下搖晃頭部，正是牠玩得很開心，覺得「這太好玩了！」的證據♪

2 玩耍時，飼主也要全力以赴

3 在鳥寶感到厭煩前結束遊戲

為了讓牠覺得「還想再玩！」並對下次心生期待，請在鸚鵡玩得最開心的時候結束遊戲。

鳥寶喜歡什麼樣的材質？

鳥寶喜歡什麼樣的材質，因鳥而異。
玩耍時請多加注意，避免鸚鵡誤食玩具碎屑。

紙張

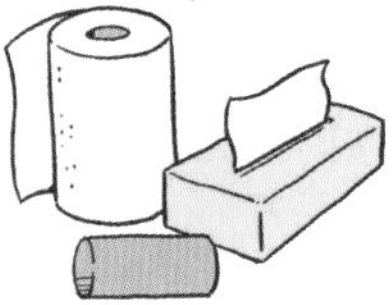

鳥寶可以用鳥喙抽取面紙或報紙玩耍。

木頭

牙籤、衛生筷、軟木塞等，可以咬著玩的東西。請提供經過殺菌處理的產品。

塑膠製品

寶特瓶瓶蓋或扭蛋的膠囊。可以供鳥寶啃咬、打洞，或是站在上面玩樂。

布料

皮革、棉布、單寧布可供啃咬。鳥寶說不定會對飼主的舊衣服感興趣。請先拆除裝飾的鈕釦等。

其他

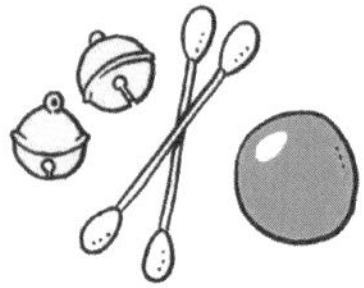

推薦會發出聲響的鈴鐺，以及可以咬著玩的棉花棒等等。橡皮球則是踩起來的觸感很有趣♪

鳥寶中意的玩具，恐怕會促進牠發情！

對某1個喜歡的玩具特別執著的鳥寶，很可能對玩具產生愛意而發情。找出鳥寶中意的玩具雖然很重要，但是不要只給牠1個，而是多給牠幾個輪流玩耍。

獨自玩耍

破壞♡

在野外喜歡剝樹皮玩耍的鸚鵡，非常喜歡破壞。給牠壞了也無妨的玩具，讓牠最大限度發揮鳥喙的力量，牠便會沉迷於啃咬的破壞活動之中。

可以自己動手做玩具消耗品！

組合鳥寶喜歡的材質，自己製作玩具，比較經濟划算。光用繩子穿過瓦楞紙板，就可以完成一個玩具了。但是，要注意牠玩耍時是否會誤食。

滾動♡

鳥寶會用鳥喙或腳推動球狀玩具，追在後面玩耍。在球裡放入鈴鐺，滾動時發出聲響，鳥寶會覺得更好玩！

\投稿!/ 我家的玩法

玩具×說話

虎皮鸚鵡・薄荷

我家薄荷常會邊追著球跑，嘴上邊喊「球球～」，或是邊搖響鈴噹，邊說「鈴鐺叮叮～」，自己玩得很開心♪

過吊橋

野生鸚鵡在樹上生活，成天行走於樹枝之間。可以利用吊橋重現野外的環境。市面上有販售吊橋的成品，不過飼主可以自行用細繩串連樹枝，即可簡單完成。

抓取東西

靈活敏捷的大型鸚鵡喜歡用腳爪抓住玩具，晃動玩耍。有些中小型鸚鵡也能用腳抓取玩具，所以請配合鳥寶的體型，準備尺寸符合的玩具。

過山洞

將紙箱一部分挖空製成山洞，讓鸚鵡在裡面行走玩耍。只不過，鳥寶可能會將紙箱誤認為巢箱，進而發情，所以必須多加留意。

攀爬

讓鳥寶沿著階梯攀爬的遊戲。為了不讓牠太快玩膩，可以多下一點功夫，比如逐漸加高階梯的高度等。大型鸚鵡能使用鳥喙跟雙腳靈活地向上攀爬，就算椅子或腳架也暢行無阻喔！

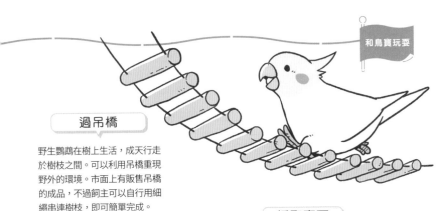

挑戰覓食！

不同於白天期間幾乎都在覓食（foraging）的野生鳥兒，寵物鳥只需要進食即可。
雖然輕鬆，但也無聊……。
請給予愛鳥跟野外覓食一樣的刺激，充實牠一天的生活吧！

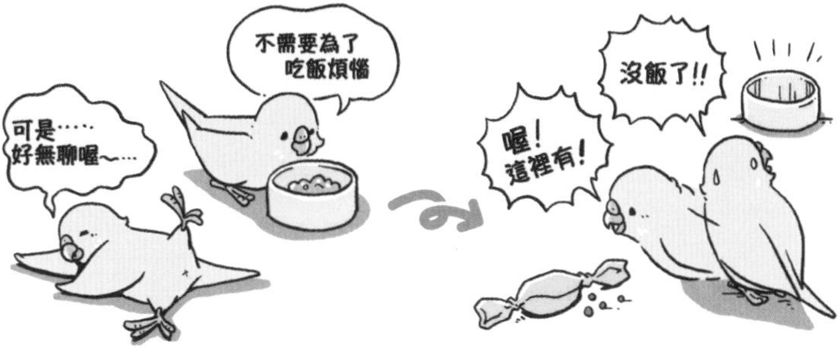

可是……
好無聊喔～…
不需要為了
吃飯煩惱
喔！
這裡有！
沒飯了!!

覓食的POINT

① 等牠學會了覓食就提高難度

首先先簡單地將飼料夾在紙裡面。如果鳥寶可以打開紙張找出飼料，下次就用紙張包住飼料再給牠。訣竅是逐漸提高難度。

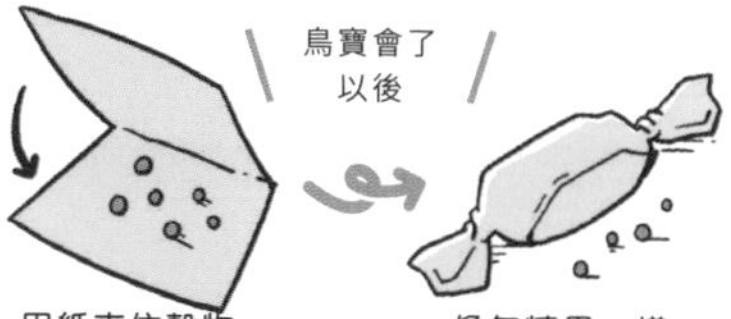

鳥寶會了
以後
用紙夾住穀物
像包糖果一樣
包住穀物

② 嘗試活用覓食玩具

使用市售商品當然可以，或是在塑膠膠囊上打洞等等，自己動手製作也很好。另外，請別忘記配合覓食遊戲給的食物多寡，減少飼料的份量。

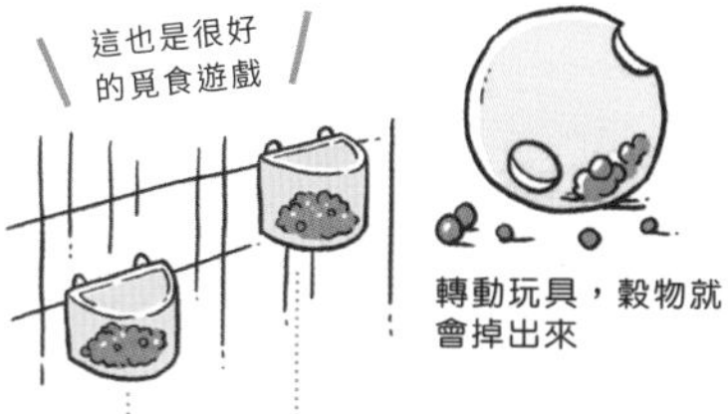

這也是很好
的覓食遊戲
轉動玩具，穀物就
會掉出來
放在離棲木稍
遠的地方！
多放幾個飼料碗！

一起玩耍

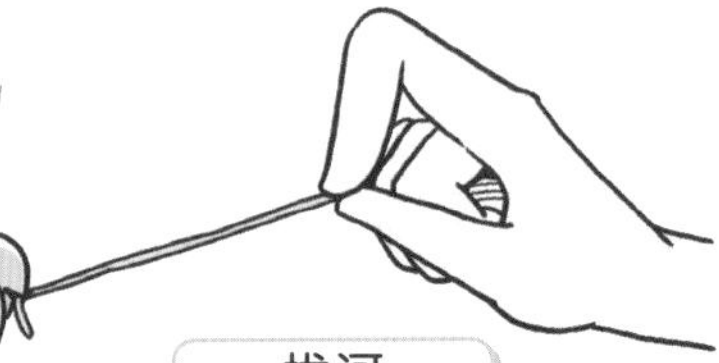

拔河

如果看見鸚鵡在玩細長的東西，飼主可以先輕喚牠一聲，再拿起另一端輕輕拉扯。等鳥寶有反應拉扯回去，飼主再忽快忽慢地輕扯或放鬆。訣竅是避免扯個不停！

鑽隧道

飼主將手立起來，做出隧道的模樣，讓鳥寶鑽過手掌。可以使用玩具引導不知道該怎麼鑽隧道的鳥寶。

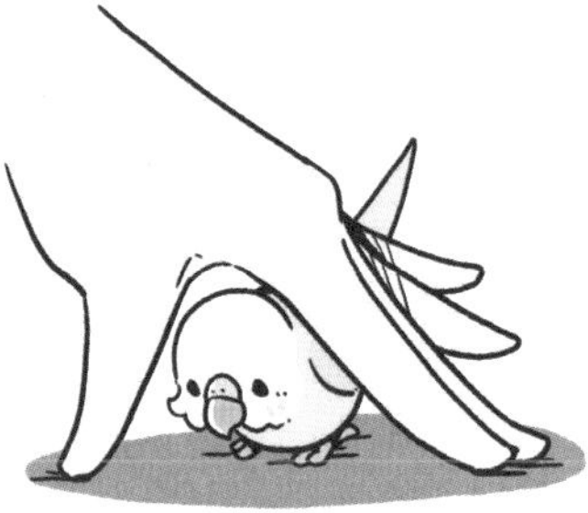

你追我跑

將食指和中指立起來，像雙腳一樣，在鸚鵡旁邊走動。有時超越牠，有時緊追在後。如果飼主邊唱歌邊陪鳥寶玩你追我跑，鳥寶一定會玩得很開心！

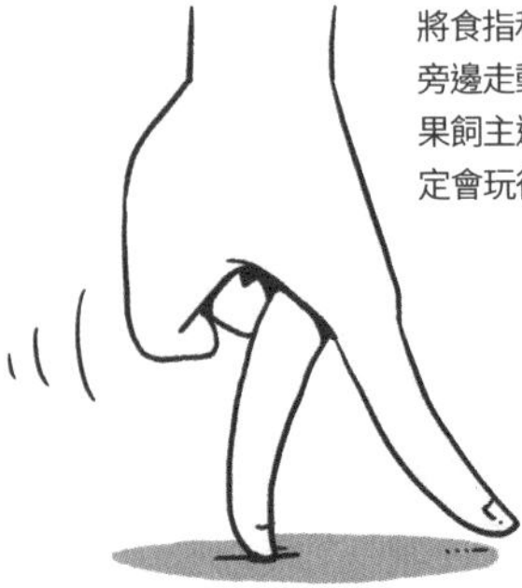

過來

先伸出一根手指，當成鸚鵡停靠的地方。用另一隻手拿著獎品在牠面前，對牠說「過來」。手指不要動，等待鸚鵡過來。等牠在手指上一停好，就給牠獎品。

拿來

將上手訓練跟「過來」組合而成的遊戲。將你希望牠拿來的東西放在桌子上，待鸚鵡咬住之後，立刻對牠說「過來」，引導牠靠近你的掌心。等鸚鵡一將牠叼來的東西放在你的手掌上，就給牠獎品。

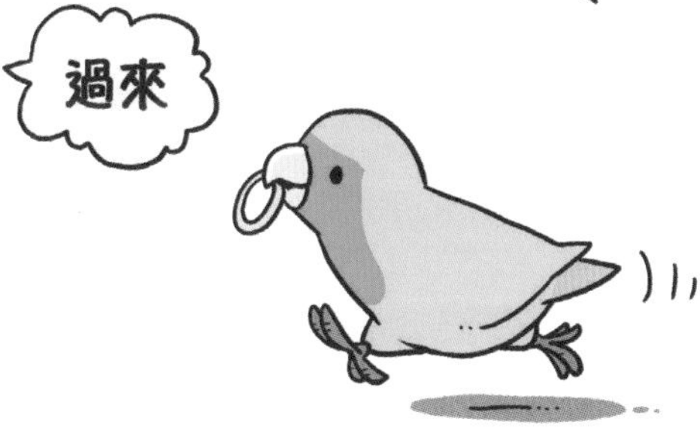

\投稿!/ 我家的玩法　襪襪等我賽跑

太平洋鸚鵡・PUNPUN

我家鳥寶最愛的是一雙有心型圖案的粉紅色襪子。牠會配合我哼唱「襪襪等我～♪」的歌聲，以鳥喙猛烈攻擊襪子！等牠越玩越開心，牠就倒掛襪子底下，以空中飛人的狀態，倒吊著晃動玩耍！！

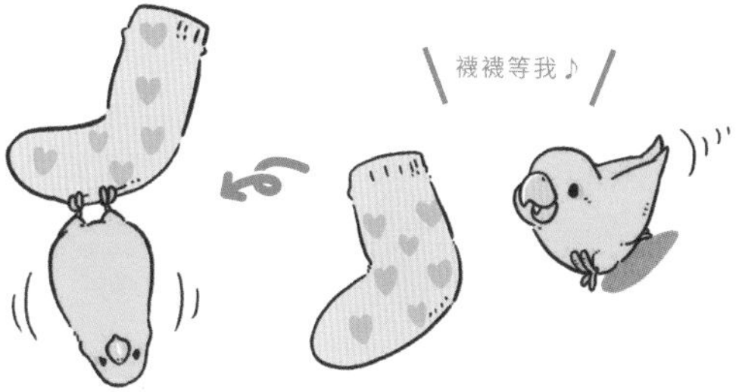

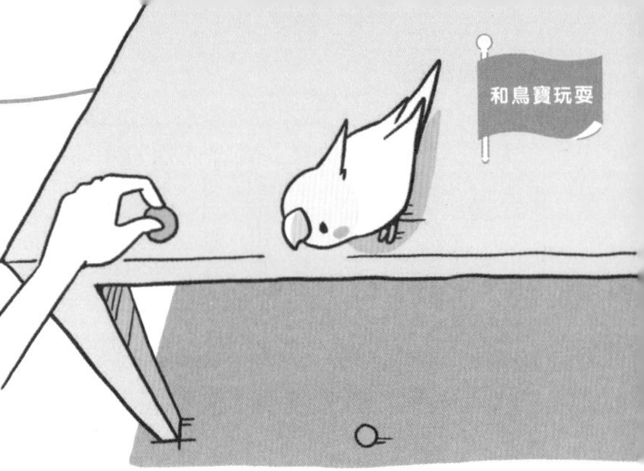

你丟我撿

鸚鵡推落東西時，飼主可以邊發出「哎呀！」的聲音，邊撿起掉落的東西放回桌上。鸚鵡再次推落它→主人再把它撿起來，就是這樣的遊戲。

套圈圈

讓鳥寶叼住塑膠環，將塑膠環套進棒子（飼主的手指也OK）。主人可以先將塑膠環套進棒子裡示範給牠看。

吊掛

讓鸚鵡咬住飼主手中的細繩，掛在上面晃動的遊戲。請你像盪秋千一樣，幫牠慢慢搖晃細繩，並前後左右晃動，製造一些變化。

轉圈

將獎品放在鳥寶上方，以「轉圈」為信號轉動手指。鸚鵡會連帶著一起轉圈。多練習幾次之後，有時只聽到「轉圈」兩個字，鸚鵡也會自行轉圈。

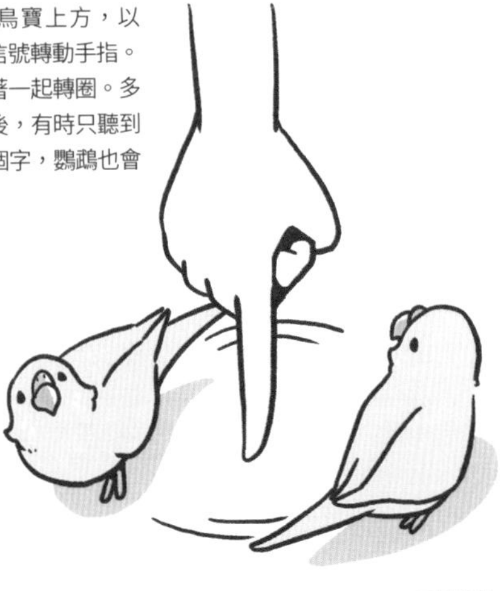

「你看不到我」遊戲

做法和陪人類小孩玩耍時一樣。飼主用手遮住臉說「你看不到我…」，接著打開雙手露出臉，對牠說「在這裡！」。或者可以躲在家具後頭再冒出來，或是用手擋住鸚鵡的視線等等，可以嘗試更多不同的玩法。

\投稿!/
我家的玩法

學人精遊戲

桃面愛情鸚鵡・賓充戀

每當我問牠「要出來外面嗎？」，賓充戀一定會「嗶♪」一聲回答我。牠不僅會回答，每當我打噴嚏、咳嗽或大笑時，牠都能模仿得維妙維肖。我們一人一鳥總是因此笑得非常開心！

注意

準備玩具時……

1 細心選擇安全的玩具

要注意原料是否使用了鉛或塗劑等有毒的成分。也請避免容易纏住鳥寶的細繩、尺寸太小會造成鳥寶誤食的東西，以及容易勾住腳的構造等等。

2 小心意外

細繩纏住脖子或不小心吞下破掉的玩具碎片等，這些意想不到的意外事故是有可能發生的。陪鳥寶一起玩耍時，眼睛千萬要時時刻刻盯著牠，太舊的玩具請立刻換成新的。

BIRDSTORY'S STORY

第一次覓食訓練

我想引進覓食訓練，訓練鳥寶自行覓食，於是試著在鑽洞的壓克力球中放入穀物。
滾動球球，吃掉！
鳥寶完全沒有抗拒就接受了！
BIRD FOOD
一開始我只放了穀物，那之後，我嘗試在穀物中混入滋養丸……
滾動球球……
竟然繼續滾動球球，一口也不吃！
牠的行動最後變成——如果掉出來的是滋養丸，鳥寶就視而不見，繼續滾動球球直到穀物掉出來為止！
耶—
如果球球裡面食物已經空了，鳥寶最後還是會吃掉滋養丸，但是牠的行動實在太令人吃驚了！這件事讓我重新體會到鳥寶有多聰明！

PART 5

鸚鵡飼養煩惱Q&A

即使再怎麼乖巧的鳥寶也可能發生問題行為。

這時，絕對不可置之不顧。

為了心愛的鳥寶身心健康，

請以真摯態度面對飼養上的煩惱，並加以解決！

煩惱

鳥寶可以自己看家嗎？

留鸚鵡自己看家，僅限一晚

如果有充足的飼料和飲水、做好適當的溫濕度管理，並準備好不會讓鸚鵡感到無聊的環境，只外出住一晚的話，是可以留鸚鵡自己看家的。

但是，上述情況僅限於健康的鸚鵡。如果家中的鳥寶屬於雛鳥、病鳥、老鳥，請將牠送去寵物旅館或動物醫院寄養。若是鳥寶的家庭醫師有附設寵物旅館的話，寄養在那裡就可以放心外出了。

如果要讓家中飼養的健康鸚鵡連續看家兩晚，除了送去寄養之外，還可以請熟人或到府代養的寵物保母到家中照顧牠。記得向對方說明照顧的方法，並留下備忘錄。

電燈開著別關

打開電燈，並掀掉遮擋光線的黑布。黑漆漆的環境，有可能會導致鳥寶發生夜驚現象。

拆掉玩具也OK

如果你家的鳥寶個性膽小、容易驚慌，請先拆掉玩具，以免牠被玩具勾住。

打開電視或收音機

打開電視等，讓鳥寶聽人的說話聲或其他聲響，來緩和牠的孤獨感。

準備較多的飼料和水！

準備份量充足的飼料和水。多放幾個飼料碗進去，也比較令人放心。

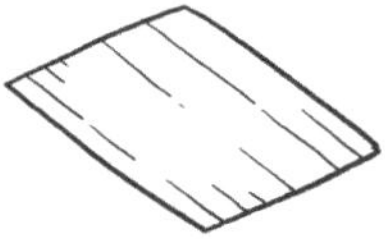

先拿掉底網

這麼一來，就算飼料掉進底盤，鳥寶也可以自行撿起來吃。

投稿！

看家的實際情況

虎皮鸚鵡・薄荷

我出去一下喔。留你自己看家，對不起…
淚眼
汪汪
淚眼
對不起……讓你自己看家……
啊！忘記帶東西了！
牠一定很寂寞吧……
哎呀……若無其事……
喔！主人妳回來啦！
我家鳥寶出乎意外地堅強

出門前的例行檢查

❑ 家中的鳥寶並非病鳥或老鳥

因為老弱病殘的鳥寶隨時都有可能產生突發狀況，因此盡量不要讓需要照顧的鳥寶獨處，比較安心。

❑ 可以藉著空調管控溫度及濕度

留鳥寶看家最大的前提就是管控溫濕度。空調開著不要關，好維持最適合的溫度及濕度。

❑ 鳥寶習慣看家

突然留鳥寶獨自在家看守2天，對牠的精神層面會造成極大負擔。先從幾個小時、半天、1天開始練習，讓牠慢慢習慣。

❑ 外出限3天2夜之內

外出期間很可能發生空調故障等意外。外出請避免超過3天2夜以上。

寄養鸚鵡

如果上述項目有任何一條不符合的話，就不能留鸚鵡獨自看家。請送去朋友家、動物醫院或寵物旅館等可以信賴的地方寄養。

煩惱

外出時該怎麼辦？

讓鳥寶習慣外出籠的訣竅

使用外出籠

帶鳥寶移動前往陌生的地方，對鳥寶而言，或多或少都會形成壓力。可是平時一定會有外出的機會，例如去動物醫院之類的。因此，最重要的是平常先讓牠習慣外出籠，讓牠知道外出籠是個「可以放心的地方」。千萬不要突然讓牠長時間外出，一開始先試幾十分鐘就好，然後再慢慢延長外出的時間。

1 放在房間裡面

將外出籠放在鳥籠旁邊，讓鳥寶隨時可以看見它。這麼一來，鳥寶應該就能習慣它的存在。

2 在外出籠裡面給鳥寶點心

在外出籠裡面給鳥寶點心，作為放飛時的一種互動。如此一來，鳥寶就會對外出籠產生好印象。

檢查外出籠內部擺設

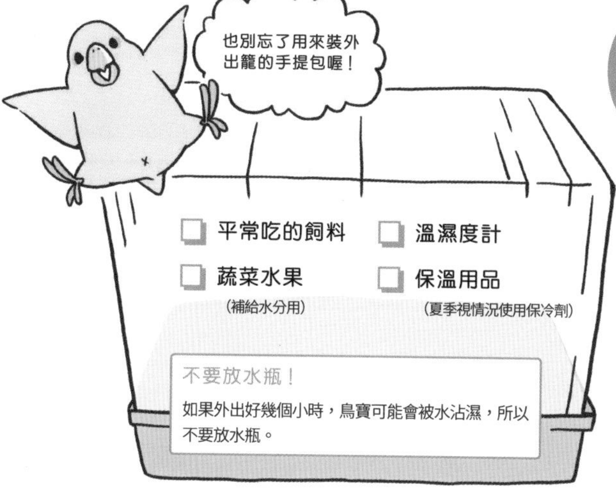
也別忘了用來裝外出籠的手提包喔！
平常吃的飼料
溫濕度計
蔬菜水果
（補給水分用）
保溫用品
（夏季視情況使用保冷劑）
不要放水瓶！
如果外出好幾個小時，鳥寶可能會被水沾濕，所以不要放水瓶。

外出籠可選擇寵物鳥專用的籠子，或是塑膠盒也可以。請選擇符合鸚鵡體型大小的尺寸。

帶去醫院的物品

告訴獸醫師鳥寶和平常有什麼不同，是飼主的責任。
帶一些可以提供客觀判斷的材料，方便獸醫師做出更加正確的診斷。

- ☐ **糞便**

將當天（視情況而定可以多帶幾天份）的糞便，用保鮮膜包起來帶去醫院。

- ☐ **食物**

帶一些平常給鳥寶吃的飼料跟點心過去。

拍下飼料外包裝
成分表的照片也可以

BIRD
FOOD

- ☐ **居家照顧表**

平常健康時的體重、糞便外觀、飲食份量之類的紀錄，是重要的對照資料。

請使用P.190～P.191的居家照顧表喔!
○月×日
體重
飲食
糞便

該如何選擇醫院？

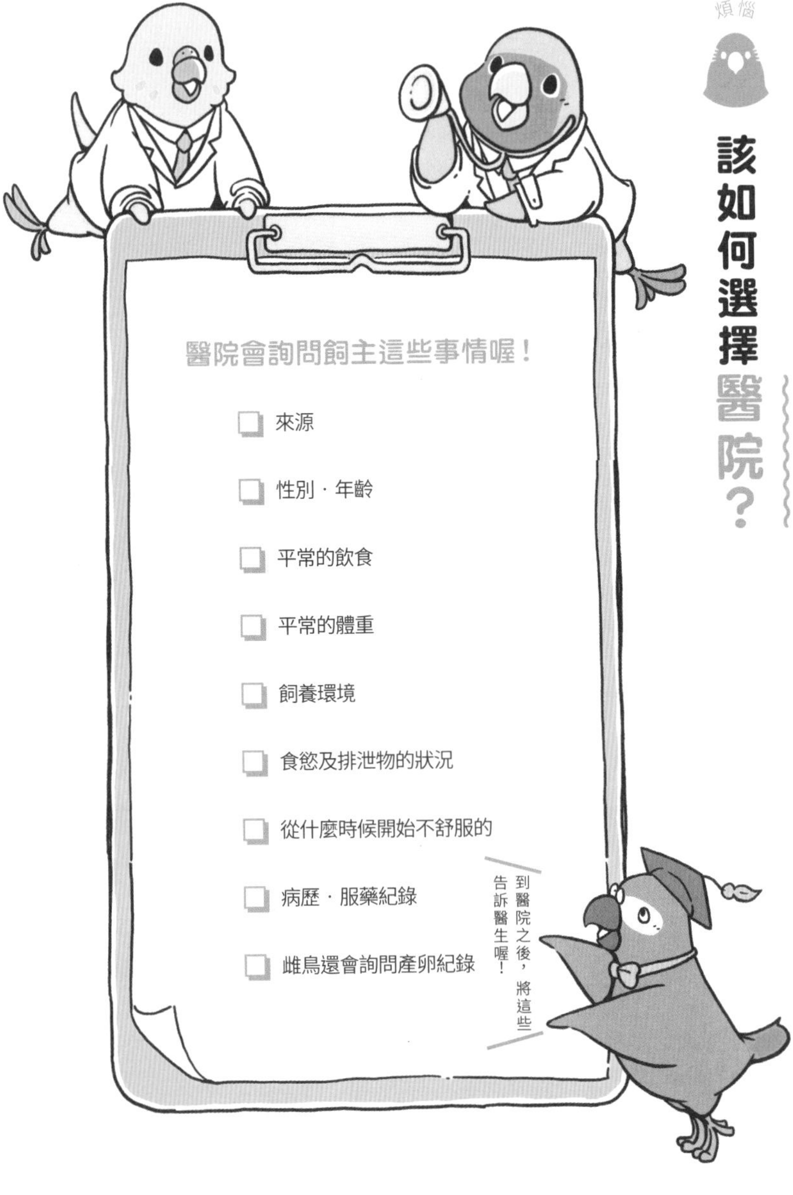
醫院會詢問飼主這些事情喔！
☐ 來源
☐ 性別・年齡
☐ 平常的飲食
☐ 平常的體重
☐ 飼養環境
☐ 食慾及排泄物的狀況
☐ 從什麼時候開始不舒服的
☐ 病歷・服藥紀錄
☐ 雌鳥還會詢問產卵紀錄
到醫院之後，將這些告訴醫生喔！

選擇動物醫院的重點

向飼主詳細說明治療方針

觀察醫院是否願意向飼主仔細說明治療時使用的藥物及照顧方法等治療內容，並在獲得飼主理解和同意後才進行治療。另外，診療費用是否清楚明瞭也很重要。

願意給予飼養上的建議

觀察醫院是否除了治療疾病之外，還願意針對平常的照顧給予飼主指導。

知識・設備

請尋找具有鳥類知識，並習慣對待鳥寶的醫院。同時也必須確認院方是否具備可以進行專門治療的設備。

帶鳥寶回家之前先找好醫院

和貓狗相較之下，可以看鳥的動物醫院並不多。帶鳥寶回家之前，請透過網路搜尋或詢問寵物店的店員，先找好醫院。從鳥寶健康時就帶牠去醫院，和獸醫師充分溝通也是很重要的。

飼主到醫院之後，必須向醫師說明右頁表格裡所舉的事項。因此請記得平時就要確實掌握鳥寶的狀況。

煩惱

鳥寶愛亂咬

Case1 咬東西

誤以為是玩具?

如果鳥寶在啃咬的東西，正好是牠喜歡的材質，表示牠可能以為那是可以咬的玩具，正在獨自玩耍。

發洩壓力

鳥寶感到無聊或是發生不如意的事，為了發洩壓力，就會開始進行破壞活動。

找出牠亂咬東西的原因！

「啃咬」對鳥寶而言是一種工作。如果牠會亂咬東西，最好的方法就是不要把不能咬的東西放在外面。但是，如果鳥寶經常咬人，這時就需要採取某些對策了。逐一找出原因，並設法解決。另外，因為也有可能是生病造成的，所以如果鳥寶亂咬的情況太嚴重，請洽詢獸醫師。

有可能是叛逆期！

鳥寶成長過程中，會出現兩次叛逆期（→P.150～151）。鳥寶處於叛逆期時，很容易心浮氣躁，變得較具有攻擊性。只能等時間來解決了。

Case2 咬人

飼主被咬之後的反應很有趣！

鳥寶看見飼主被咬之後大叫「好痛！」的反應很開心，就會反覆啃咬主人。

對策

被咬了也視而不見！

聽見飼主被咬之後發出聲音，鳥寶會誤以為「主人覺得很好玩♡」，於是便將啃咬當成一種遊戲。要讓牠停止啃咬的話，最好的方法就是被咬了也不要有任何反應。視而不見更加有效。

沒那個心情，卻被飼主抓出鳥籠時，鳥寶也可能會啃咬飼主的手指。這是鸚鵡想告訴飼主「我不要！」的訊息！

對策

給牠可以亂咬的玩具

如果鳥寶表現出作勢啃咬的模樣，就立刻遞出啃咬用的玩具給牠。一旦牠咬了玩具，便馬上大力讚美牠！這麼一來，牠就會記住這個玩具是用來啃咬的。

將飼主視為入侵地盤的人

地盤觀念非常強烈的鳥寶，很可能將飼主誤認為敵人，發動攻擊啃咬主人。

害怕人手

可能是因為鳥寶記得以前啃咬時，飼主放開手的畫面，因而學會「咬下去，手就會離開」。

對策

消除牠對手的壞印象！

不要隨便將手伸進牠的地盤。打掃時，連同整個鳥籠搬去其他地方，鳥寶的攻擊性或許就會減弱！另外，可以給害怕手的鳥寶一些點心等等，讓牠對手產生好印象。

煩惱

不肯回鳥籠

鳥籠外頭比較好玩

跟鳥籠裡面相較之下，外頭可以自由自在地行動，還可以跟飼主盡情玩耍。單純因為外頭比較好玩的緣故，所以不肯回鳥籠。

鳥籠裡面太無聊

沒有可以玩的玩具，飼主又不理我，好無聊⋯⋯。鳥寶不會想待在那樣無聊又孤獨的鳥籠之中。相反的，為了讓鳥寶覺得有趣，而在裡面放了大量的玩具，也可能會讓牠待得不舒服。

鳥籠是否變成了一個無聊的地方？

你是否認為「鳥寶回鳥籠之後，就等於遊戲時間結束了」呢？鳥寶不肯回鳥籠的原因，就是因為裡面太無聊了。一走進鳥籠，飼主就不會再陪牠玩了……因此牠不肯回鳥籠也是理所當然的。

即使鸚鵡待在鳥籠內，也要偶爾給牠一些點心或跟牠說說話，製造互動的時間。

遵守放飛時間長短

放飛時間長短如果每天不同，時間太短時，鸚鵡會心生不滿。放飛時務必固定時間，例如每天1個小時等等。

對策

讓牠覺得鳥籠裡面也是很好玩的地方

在籠子裡放置專用的玩具，等牠一回鳥籠就給牠獎勵等等，製造一些只有在鳥籠中才能享受到的樂趣。因為有的鳥寶會認為「只有在鳥籠外面才能跟飼主玩」而不肯回去，因此當鳥寶待在籠子裡的時候，也別忘了跟牠互動。

訓練牠聽懂「過來」的口號

使用P.99的「過來」，讓鳥寶停在手上。由於直接走向鳥籠的話，牠會記住「過來＝被送回鳥籠！」，所以讓牠停留在手上，帶牠去其他地方走走。接著再送牠回鳥籠，稍微摸摸牠之後再關上籠子的門。

生病的可能性

原因除了細菌感染之外，可能是因為身體或皮膚感到不適，才會導致鳥寶出現啄羽的行為。缺乏某些營養、日光浴不足、洗澡次數不足、飼養環境不衛生，都是造成鸚鵡啄羽的原因。

可能的原因

- ☐ 內臟疾病
- ☐ 營養失調
- ☐ 病毒性感染症狀

詳情請見 → P.178

遊戲的一環

鳥寶很可能因為過分無聊而開始玩起拔羽毛的遊戲，變成習慣後，就演變成啄羽的行為。有些鳥寶則是為了吸引主人注意，才出現啄羽的行為。

逐一找出原因

啄羽的原因有很多。首先先考慮鳥寶生病的可能性，帶牠去動物醫院就診。等發現不是疾病之後，再尋找其他原因。

但是，如果啄羽已經變成一種「習慣」，那麼即使排除掉所有原因，也不容易根治。面對鳥寶啄羽的行為，飼主一定要有耐心。

其他可能的原因

有些鳥寶會在心懷不滿或不安，以及環境改變時，出現啄羽的行為。此外，還有拔除換羽不完全的部分，或是在意羽毛上的污垢而拔掉羽毛，結果不知不覺間發展成啄羽的情況。

可能的原因

- ☐ 環境變化
- ☐ 無聊
- ☐ 發情
- ☐ 換羽不完全
- ☐ 心懷不安
- ☐ 羽毛骯髒
- ☐ 人鳥互動不順利

對策

首先，先去醫院！

一旦看見鳥寶出現啄羽行為，切莫自行判斷，以為牠「只是壓力太大吧？」。先帶牠去醫院就診，看看是否生了病。如果是生病，便應配合症狀治療，並重新檢視居住環境。

如果不是生病的話

排除原因，改變環境

如果經過醫師診斷，發現原因不是生病，就要找出對鳥寶精神層面造成影響的原因。

- ☐ 環境變化
- ☐ 心懷不安
- ☐ 人鳥互動不順利

並回想一下最近是否有讓鸚鵡感受到壓力的事情，例如搬家造成環境變化、最喜歡的飼主出門旅行，或是家裡養了新的鳥寶等等。

☐ 無聊

準備可以讓牠動動腦袋的玩具，或是可以啃咬的物品！

☐ 發情

發情過度頻繁的情況，請參考發情對策（➔P.118）

無論原因為何，都需要先分析鳥寶開始啄羽的時期前後，是否有任何促使牠發生這種行為的契機，並採取對策排除造成啄羽行為的原因。如果已排除所有可能，但鳥寶啄羽的情況仍舊沒有改善，可以訓練牠試著玩玩啄羽之外的遊戲。此外，鳥寶沒有啄羽的時候，飼主千萬別忘了要多摸摸鸚鵡，跟牠多一點肢體接觸！

煩惱

老是大吼大叫

聰明的鸚鵡會學習！

請你仔細思考一下鳥寶叫個不停時，聽見叫聲後的飼主有什麼反應。鳥寶呼叫飼主的理由，可能是因為無聊寂寞，也有可能是因為肚子餓了。請你試著採取跟牠乖巧文靜時一樣的行動。

就算飼主無視鳥寶的大呼小叫來對抗，但如果因為牠叫聲越來越大，飼主受不了過度的噪音而靠近查看，那就沒有意義了。鳥寶大聲呼叫時請充耳不聞，相對的，當牠小聲輕呼時再過去。這麼一來，只要牠明白用小聲呼叫，飼主也會過來看牠，牠或許就會降低音量！

飼主常見的反應

- 靠近查看
- 跟牠說話
- 看著牠等等

對策

採取跟牠乖巧文靜時一樣的反應！

發出聲音警告，鳥寶可能會以為你在陪牠玩。等鳥寶叫完之後再靠過去稱讚牠，牠才會記得「保持安靜就會有好事」。

晚上叫聲很激烈的情況下

如果不是上述的理由，原因很可能出在房間的亮度。房間太明亮，鸚鵡無法入睡，因此太陽下山後請在鸚鵡的鳥籠外蓋上黑布遮擋光線。

煩惱

只認一個主人……

對特定對象擁有深厚的愛情

鸚鵡是一種對伴侶擁有深厚情意的生物。而牠的對象也有可能是飼主。一旦牠對特定人物產生了強烈的愛意，當其他人靠近鸚鵡時，牠就會變得具有攻擊性，變成人家所謂「只認一個主人」的狀態……。

這麼一來，當單一對象之外的人要照顧鸚鵡時，就會出現困難。很令人困擾，對吧？為了避免鸚鵡只認一個主人，最好的方法，就是讓很多不同的人照顧牠，但即使這麼做，牠仍舊只認一個主人的話，請嘗試採取下列的對策。

對策

讓牠習慣其他人

讓單一對象之外的人，餵鳥寶吃牠最喜歡的點心。讓牠知道，跟那個人在一起就會有好事。然後慢慢嘗試，在單一對象不在時，由其他家人照顧，並嘗試與牠肢體接觸，久而久之，鳥寶的攻擊性也會緩和下來。

煩惱

發情過度頻繁

過度發情有害健康！

雌鳥一年出現一至兩次發情&產卵，是不會有大問題的，但是如果出現慢性反覆產卵的情況，進而誘發疾病將會非常危險。

雄鳥雖然不會產卵，但過度發情一樣會讓鳥寶基於防禦本能造成個性變得較具攻擊性，或是變得容易罹患睪丸腫瘤，這也是導致鳥寶生病或受傷的原因。

無論雌鳥或雄鳥，抑制發情才是對健康最好的辦法！由於飼主無心的行動（↓P121）會被鸚鵡視為求偶行為，進而引起發情，因此請盡量避免做出容易引起誤會的行動。此外，也可參考P120中所舉的對策。

雄鳥　發情的徵兆與壞處

- ☐ 變得愛說話
- ☐ 跳求偶舞
- ☐ 經常出現吐料行為
- ☐ 變得具有攻擊性

摩擦屁股或積極地唱歌，也是在告訴飼主「我很喜歡你！」的求偶行動之一。

⚠

有時容易演變成睪丸腫瘤

睪丸不停製造精子，因而提高了發生症狀的風險。尤其是虎皮鸚鵡，更要多加注意。

雌鳥 發情的徵兆與壞處

- 蹲著不動
- 抬高頭部向後折
- 尋找可以當鳥巢的物品
- 鑽進鋪在籠子底盤的紙或狹窄的地方

桃面愛情鸚鵡為了築巢的準備，會將紙張撕成長條，再將紙條插在尾羽上。這就是俗稱「咬紙插羽毛」的行為。

⚠ 各種疾病的原因

過度發情是引起生殖系統疾病的原因（參考下列內容）。另外，頻繁產卵也會對鳥寶身體造成負擔。

⚠ 變得具有攻擊性

基於防禦本能，即使平常乖巧的鳥寶也有可能咬人等等，變得更具攻擊性。

⚠ 容易引發啄羽症

發情期容易心情煩躁，可能會引發啄咬自己身體的自殘行為或啄羽症。

鳥類的發情機制

1. 雄鳥發情，出現求偶行動
↓
2. 因為雄鳥的求偶行動，連帶造成雌鳥發情
↓
3. 邊築巢，邊反覆出現交配行為
↓
4. 雌鳥產卵

雌鳥過度發情是生病的原因！

❶～❹的正常發情行為並沒有什麼問題，但是反覆處於發情與產卵狀態下的慢性發情，則是造成疾病的原因。

生殖器
- 挾蛋症（卡蛋）
- 產下形狀異常的蛋
- 輸卵管炎、體腔炎
- 卵巢．輸卵管腫瘤　等
- 輸卵管阻塞症(OI)

內臟．代謝
- 鈣質缺乏症
- 脂肪肝
- 多骨型骨質肥厚(PH)
- 腹壁赫尼亞（Hemia）
- 軟骨症
- 動脈硬化　等等

詳情請見 → P.178-179

對策

採取讓發情條件不能滿足的對策

為了避免鳥寶發情，最好的辦法就是不要製造出令鳥寶發情的原因。無微不至的舒適環境，會讓鳥寶產生「好適合養小孩♡」的想法，而促使牠發情。對應這種情況，重點就是限制飲食。如果還是無法抑止牠發情，可以嘗試左頁的對策。

1 限制飲食

如果鳥寶比標準體重還重，那麼，過重很有可能就是造成牠反覆發情的原因。因為鳥寶會覺得「很多飼料，營養狀態萬全＝可以生育雛鳥」的環境！

晚上把飼料碗拿出來！

為了防止「晚上一睜開眼睛，突然發現眼前有飯吃！」的情況，可以過了就寢時間之後就取出飼料碗來。

比標準體重還重…

開始減肥。但是對鸚鵡而言，1克的變化也相當大。減肥請在獸醫師的指示下進行。

以標準體重為目標，調解飼料份量

諮詢獸醫師，決定1天的食物份量後，每餐都先用廚房電子秤秤過之後再給牠。限制飲食的期間，每天都要量體重，確認鳥寶會不會變得太瘦。

2 縮短鸚鵡的光週期

為了避免讓鳥寶誤以為「日照時間長＝溫暖的季節＝繁殖期」，因此1天只能在明亮的地方待8～10個小時。若是日照超過這段時間，可以採取將鳥籠移到安靜的地方，蓋上黑布讓鳥籠變暗等方法。

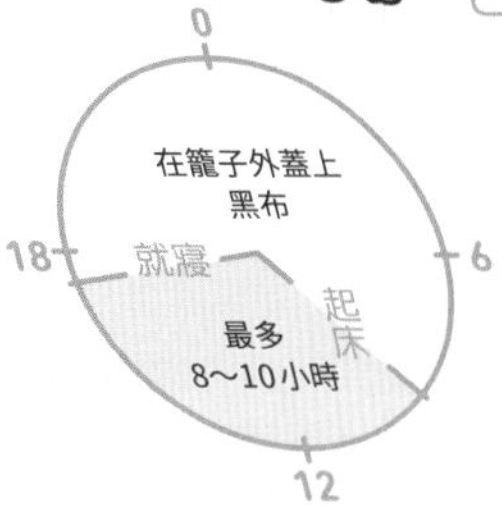
0
6
12
18
在籠子外蓋上
黑布
就寢
起床
最多
8～10小時

至於文鳥……

文鳥屬於短日繁殖的鳥類，快點讓文鳥入睡並不能抑制發情現象。話雖這麼說，但千萬不能讓牠熬夜！

3 不要給牠可以用來築巢的材料

一旦鳥寶看見讓牠聯想到鳥巢的小箱子或築巢的材料，就會促使牠發情，因此請小心避免給牠這些東西。放飛時也要採取對策，以免牠鑽進狹窄的地方。

沒辦法
築巢了…

⚠ 這種東西不要給

- ☐ 布或紙
- ☐ 讓牠聯想到鳥巢的小箱子等

4 不讓牠擁有發情的對象

飼主請盡量避免誘發鳥寶發情的行動。另外也請讓牠遠離有可能被視為特定發情對象的東西，如牠最喜歡的玩具等等。

⚠ 避免這樣的行動！

- ☐ 別摸牠的鳥喙或背後
- ☐ 不要過度呼喚牠

煩惱

害怕主人的手而逃跑

經歷過恐怖的事情造成心理創傷!?

鳥寶會害怕人的手，是因為對手有不好的回憶。你有沒有印象做過硬抓住牠、手弄傷牠，讓牠疼痛這些事呢？

一旦牠對手感產生恐懼，要改變牠的印象便非常困難……不過這次試著改變鸚鵡的印象，讓牠記住「手是好東西」吧。

飼主可以直接用手餵食點心，如果手靠近，鳥寶也沒有逃走的話，請大力稱讚牠。若是鳥寶一直害怕人手，會使飼主無法進行健康檢查，想一起玩耍也很困難。飼主千萬不可心急，要有耐心，設法慢慢讓鳥寶習慣吧！

對策

教會鳥寶「手不可怕」

手拿點心，等待鸚鵡自己靠過來吃。手胡亂移動會讓鸚鵡感到害怕，因此請靜止不動、耐心等候鸚鵡靠近。慢慢讓牠習慣「被點心吸引過去，吃著吃著才發現手就在旁邊！」這件事。

鳥寶沒有逃走，就稱讚牠

如果鳥寶沒有逃走，直接吃了手中的食物，就對牠說「好乖♪」稱讚牠。多重複幾次「直接用手餵食→讚美」之後，原本令鳥寶感到恐懼的手，一定也會變成靠近就可以獲得食物＆讚美的美好存在！

煩惱

不肯吃蔬菜

一定有鳥寶願意吃的蔬菜！

對於食用穀物的鳥寶而言，蔬菜可以補充營養，因此最好讓鳥寶也攝取一些蔬菜。至於食用滋養丸的鳥寶，也可以給予蔬菜讓牠享受飲食的樂趣！

只不過，事實是煩惱「我家鳥寶不肯吃蔬菜」的飼主的確很多。因此，只能請飼主多多嘗試，耐心找出鳥寶願意吃的蔬菜了。

我喜歡這種♡
那個不喜歡這個也討厭

對策

多多嘗試各種蔬菜

鸚鵡喜歡的味道、外觀、口感各有不同。請試著找出你家鳥寶的喜好。也有不肯直接吃，但是切碎之後就願意進食的鳥寶。

如果家中有好幾隻鳥寶，讓肯吃菜的鳥寶在眼前吃給牠看！

如果不肯吃菜的鳥寶是成鳥，或許是因為牠並不知道蔬菜是食物的關係。讓牠觀看其他鳥寶食用蔬菜之後，牠可能會有「原來那是食物啊！吃了也不會有危險！」的想法，而對蔬菜產生興趣才對。或者飼主直接在牠面前大快朵頤也很不錯。

原來那是食物啊！

煩惱

羽毛會自然脫落!?

如果是換羽期，大可放心

出生後二至三個月的幼鳥羽毛脫落，是幼鳥羽毛即將換成成鳥羽毛的證據。羽毛大量掉落，飼主可能會感到擔憂，但是請儘管放心。大概經過一至兩個月，新的羽毛就會長齊了。

至於成鳥，每年會有一次以上，稱之為「換羽」的時期，鳥寶會在這段期間內將原有的舊羽毛換成新羽毛。換羽期的鸚鵡會需要消耗更多體力，因此請給予蛋白質含量較平常更高的飼料和蔬菜。

但是，如果家中的鳥寶並非換羽期，卻出現羽毛脫落的情況，或是換羽後長不出漂亮的新羽毛，很有可能是生病了。請盡快帶牠去動物醫院就診。

蛋白質是製造羽毛的主要原料。讓鳥寶多多攝取蛋白質及維他命，度過換羽期吧！

注意

如果不是換羽期，卻有羽毛脫落……

有可能是鸚鵡喙及羽毛感染症（PBFD→P.178）。這種病狀多見於幼鳥身上，有時甚至會導致全身羽毛脫落。為一種由病毒引起的感染症狀，沒有可用的疫苗。如果家中飼養兩隻以上的鸚鵡，請隔離病鳥以預防感染，並立刻帶去醫院就診。

煩惱

突然變得具攻擊性……

可能是發情期、壓力太大或受傷

無論雌鳥還是雄鳥，一旦進入發情期，個性都會變得具有攻擊性。尤其是雌鳥產卵後會變得更有攻擊性，因此請留意，不要隨便觸摸。

另外，鳥寶變兇的原因還有……

- 剛從亞成鳥變為成鳥的叛逆期（→P151）
- 無聊造成太大的壓力
- 身處隨時有外敵虎視眈眈之類的惡劣環境

進入叛逆期是正常成長的證據，因此在鳥寶自行鎮靜下來之前，請飼主暫時不要驚擾牠。如果鳥寶是因為無聊而變兇的話，請飼主多陪牠玩耍！如果是因為環境變化所引起的壓力，那麼請好好思考其肇因並加以改善。

對策

首要任務正是找出原因！

1 發情期

無論公母，只要進入發情期就容易變得具有攻擊性（→P.118）。尤其雌鳥的地盤觀念會變得更強烈。請設法除去讓鳥寶發情的要素並加以預防。

2 壓力

由於飼主沒注意到的細微環境變化，所造成的壓力，使鳥寶為了保護地盤而變得更具攻擊性。請仔細找出原因，並將環境恢復原狀。

3 飼主做了鳥寶討厭的事

避免直接接觸，坐在鳥籠附近，從教導鳥寶「我不會對你做任何事」的地方開始吧！

煩惱

如何減重？

減重要在獸醫師的指導下進行

鸚鵡的疾病，多半都是日積月累形成的，這些疾病其實都可以預防。其中最應該預防的是「肥胖」。肥胖的鸚鵡會跟人類一樣，產生肝臟病變或動脈硬化等病狀；肥胖也是造成其他各種疾病的原因。

由於造成鸚鵡肥胖最主要的原因是吃太多，以及挑食只吃高熱量的食物，因此減重的第一步便是限制飲食。其次，則是增加運動量以消耗熱量。跟人類一樣！

但是，急速減重也是造成疾病的原因。因此，減重請務必在獸醫師的指導下進行。

診斷鳥寶是否出現代謝症候群

【☑ 有打勾就必須注意！】

- ☐ 只選自己喜歡的穀物吃
- ☐ 常靜止不動

- ☐ 飛行時無法上升

- ☐ 體重逐日增加
- ☐ 站在手指上時，感覺比平常沉重

藉由胸骨判斷

☐ **稍瘦**

目視胸部外觀或觸摸下，都能清楚看見或摸到龍骨突的三角形骨頭尖端。

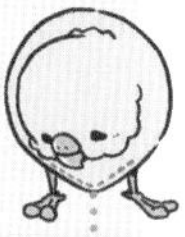

☐ **恰到好處**

目測看不見龍骨突，但觸摸下能摸到骨頭的尖端。

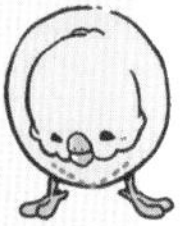

☐ **稍胖**

無論目視或觸摸，都看不見也摸不到骨頭尖端。整體上體型圓潤。

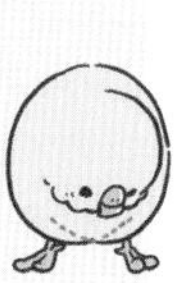

對策

重新檢視飲食內容・份量

飼主首先必須重新檢視的就是飲食習慣！
給予鳥寶適當的飼料與份量，正確管理鳥寶的飲食吧！

【重新檢視飲食份量】

❶ 測量每天攝取的份量，計算一週平均食量

早上給予一定份量的飼料，傍晚或隔天更換飼料時，測量剩下的份量，用減法算出鳥寶攝取的飲食多寡。並計算出一週的平均食量。

❷ 平均食量要減掉算出的克數後再給

從❶算出平均食量之後，減掉獸醫師指示的份量再給。

❸ 測量體重

邊調整食物份量邊減重，以免體重驟降，花數個月慢慢減至目標體重。如果鳥寶瘦太多或瘦不下來，都請盡快諮詢獸醫師。

【重新檢視飲食內容】

確認除了主食之外，是否給了太多高熱量的食物。水果可以讓鳥寶攝取到豐富的維他命，但由於糖分也多，因此必須注意份量。

必須注意的食物

- ☐ 葵花子
- ☐ 南瓜子
- ☐ 尼日子（Niger Seed）
- ☐ 油菜籽
- ☐ 水果…etc.

增加運動量

為了讓鳥寶也能自發性地在鳥籠裡面運動，請準備可以讓牠用鳥爪抓著走的繩子，或是能追著玩的玩具，以增加牠的運動量。

BIRDSTORY'S STORY

我家鳥寶的家庭醫師

我去過好幾家醫院之後，現在都固定去森下小鳥病院看診
森下小鳥病院
開始去森下小鳥病院後最開心的事情是，院長寄崎醫生竟然記得我家鳥寶的名字
香蕉～
即使再小的異狀，院長也會設身處地提供我意見，並教導我許多養鳥的知識；我受到醫院非常多照顧
尤其是可以暫時將鳥寶寄養在醫院，更是幫了我一個大忙
我工作偶爾得出差，這種時候，我都會將愛鳥寄放在醫院
因為平常固定會去醫院檢查，所以寄住在醫院，我很放心
更令人放心的是，醫院會透過院方的instagram給我看照片，同時告訴我鳥寶的情況
12:34
zzzz...
生氣怒吼!!
咀嚼 咀嚼
可以在出差時得知鳥寶的狀況，安心之餘，心裡也暖洋洋的

GUIDE

鸚鵡讀心術指南

牠在想什麼呢？

牠常做的行為，有什麼含意？

鳥兒會用聲音、身體、行動……

全身來告訴飼主牠內心的想法喔！

鳥寶在想什麼？

身為飼主，一定會很想鉅細靡遺地理解心愛的鳥寶內心的想法吧？
讓我們正確解讀鳥寶的叫聲和身體語言，聽聽牠的真心話吧！

解讀心情的重點

聲音 高亢的叫聲是警戒，低沉混濁的叫聲是不滿或憤怒。感情越激昂，叫聲也會越大。

表情 最該注意的地方是眼睛和鳥喙。瞳孔擴張縮小、鳥喙張開閉合等等，無時無刻都在變化。

行動 抖動羽毛、羽毛膨脹、走動、飛翔。每個動作都有意義。

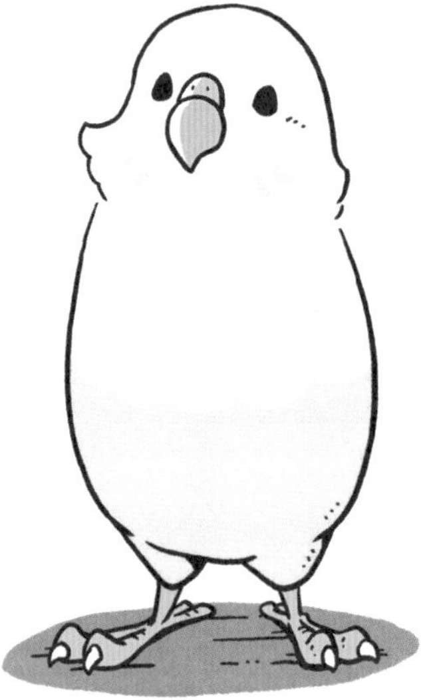

努力嘗試解讀才是最重要的

鳥寶和同類溝通時，會使用叫聲或身體語言。對飼主也是一樣。如果鳥寶分明表達得一清二楚，飼主卻不能理解的話，鳥寶會受到很大的打擊。

即使如此，重視溝通的鳥寶仍舊會嘗試使用各種辦法，將自己的想法傳達給飼主。如果飼主有了反應，鳥寶會因為成功和飼主分享心情，而樂不可支！

為了不辜負拚命傳達的鳥寶，飼主也必須竭盡全力，努力解讀鳥寶的想法才對！

鸚鵡

嘎！

討厭！

心情不好的時候，才會發出短而有力的「嘎！」聲。如果鸚鵡這樣對你大叫，請陪牠玩牠喜歡的遊戲，或是讓牠自己冷靜一下，來安撫牠的壞心情吧！

呼叫聲或回答也是鳴唱的一種

鳥類叫聲包含①鳴叫（call）及②鳴唱（song）兩種21。①是天生的叫聲，②是為了溝通交流，經由訓練後所學會的叫聲。主要是繁殖期的雄鳥會使用鳴唱聲來保護領域，或吸引雌鳥。玄鳳鸚鵡唱歌便屬於②，是牠為了吸引飼主注意力，所拚命發出來的聲音。

文鳥

嘎嚕嚕嚕嚕…

心情不好

如果玩耍時遭人打斷等等，發生了令牠不愉快的事，文鳥就會用這種方式表達內心的不滿。由於這時候的鳥寶心情不好，即使是感情和睦的主人，如果隨意靠近，也有可能遭到攻擊。

21 鳴叫（call）大多短而急促，用於溝通、聯繫、威嚇、乞食、警告等等。鳴唱（song）聲音較長而複雜多變，主要在宣告領域與吸引配偶。

鸚鵡

嗶—嗶—

陪我嘛～

群居生活的鳥類，最害怕的就是獨處。一旦感受不到飼主的氣息，鳥寶就會因為寂寞而忐忑不安，嗶嗶叫著「你在哪裡？不要留我自己在這裡，過來陪我嘛！」大聲呼叫飼主。

鸚鵡

唱歌

心情很好♪

玄鳳鸚鵡非常喜歡唱歌。牠們也藉由唱歌來練習詞彙。為了讓牠唱得更好，可別在未完成的階段就稱讚牠！萬一中途不小心稱讚了牠，鸚鵡會因此感到滿意，而失去向上提升的心。

鸚鵡

低聲呢喃

正在練習說話

鳥寶記住了飼主所說的話，正在自行練習想發出一樣的聲音。在擅長說話的虎皮鸚鵡或大型鸚鵡身上很常見。另外，鳥寶很放鬆的時候，也會不經意地說出一些話來。

鸚鵡

模仿

很好玩，對吧？

牠們最常學電鈴的「叮咚」聲，或是微波爐的「叮」聲之類，生活中飼主忍不住產生反應的聲響。模仿那個聲音，飼主就會產生反應，這讓鸚鵡覺得好玩得不得了。虎皮鸚鵡、非洲灰鸚鵡、亞馬遜鸚鵡最愛模仿。

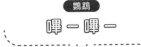

對鳥

不幫忙整理羽毛，代表感情不睦嗎！？

明明是一對，卻在同一時間各自整理自己的羽毛，的確會讓人懷疑牠們感情不好，對吧？不過，請放心。正因為牠們信賴彼此，所以才能採取相同的行動。這行為也是牠們感情和睦的證據。

鸚鵡　文鳥

整理羽毛

表示親暱與愛意的肢體接觸

感情融洽的鳥寶，最常見的肢體接觸就是互相整理羽毛。其中一隻先幫忙對方整理完羽毛之後，對方再回過頭來幫忙另一隻整理羽毛。

鸚鵡　文鳥

吐料

充滿愛意的禮物

鳥寶會邊上下晃動頭部，邊用嘴巴將飼料餵給最最最喜歡的對象，當作送給對方的禮物♡也就是俗稱的求偶吐料行為。也有鳥寶會對鏡子裡的自己吐料。

對
飼主

鸚鵡　文鳥
對飼主低下頭

幫我抓抓～

鳥寶在向飼主撒嬌說：「欸，幫人家整理羽毛啦♡」鳥類互相整理羽毛，是相親相愛的證據。請你邊對牠說話，邊溫柔地幫牠抓一抓吧！

鸚鵡　文鳥
咬頭髮

我幫你整理羽毛

咬頭髮代表鳥寶將親愛的飼主頭髮視為鳥類羽毛，在幫忙飼主整理羽毛。只不過，也有鳥寶將頭髮誤認為鳥巢而發情的情況。如果發現牠出現發情的姿勢，應立刻把牠從頭髮上帶走。

鸚鵡　文鳥
用屁股磨蹭飼主

我們結婚吧♡

磨屁股對雄鳥而言是交配的姿勢。也就是說，牠在向飼主表示：「我們結婚吧。我想要你的小孩！」磨屁股是出自於愛的行動，但是不必要的發情會對身體造成負擔。如果鳥寶對你出現這樣的行為，建議盡量減少肢體接觸的次數。

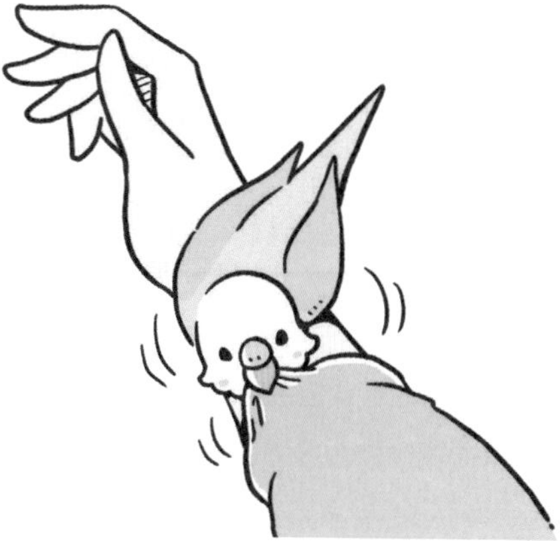

鸚鵡　文鳥

拉扯衣物

陪我玩！　陪我玩！

好不容易可以出來飛一飛，可是飼主卻不陪人家玩。這時候，鳥寶就會用鳥喙叼住飼主的衣服拉扯，告訴飼主：「陪我玩啦！」陪牠玩耍時一心二用是不行的。請專心陪牠玩個痛快吧！

鸚鵡　文鳥

盯著飼主看

我很相信你、我很愛你喔！

只有信賴的對象，鳥類才會盯著對方看。當寶貝鳥兒看著你時，別忘了檢查牠的瞳孔！瞳孔睜大，表示牠感受到恐懼。另外，鳥寶發情時，有可能光是眼睛對上彼此，牠的瞳孔就會縮小或抬高頭部向後折（發情徵兆）。

鸚鵡　文鳥

緊靠在一起

你好像跟平常不一樣？

鳥寶靠在心情低落的飼主身旁，是為了觀察飼主的模樣。牠這麼做，是在告訴飼主：「你看起來怪怪的。發生了什麼事嗎？」

其他

鸚鵡

打開翅膀擺動

有求於人的姿勢

打開肩膀處的翅膀開合擺動，是鳥寶有求於人時習慣會出現的姿勢。牠在向飼主撒嬌說：「陪我玩～♡」或者「給我點心～♡」但是，氣溫太熱時鳥寶也會做出一樣的姿勢，所以要多加留意。

鸚鵡　文鳥

站在書報上

看我、看我！

飼主在閱讀書報、或是注意力放在鳥寶之外的事情上，鳥寶硬闖進飼主的視野內，這是在告訴飼主「好好看著我！」的行為。玩耍時，眼中請看著鳥寶就好。

鸚鵡　文鳥

張開嘴巴

給我飯

想跟飼主要飯吃的時候，鳥寶會張開嘴巴索求。這是牠們把自己當成雛鳥，在跟主人撒嬌。鳥寶也會對飼主吃得津津有味的東西產生興趣。

鸚鵡 文鳥

伸展身體

好～活動一下吧！

翅膀和腳往外伸長，俗稱「伸懶腰」。這是運動前的伸展操，又稱為「開始行動」。原本一直在整理羽毛的鳥寶，如果出現伸懶腰的動作，表示鳥寶準備要做點什麼了。

鸚鵡 文鳥

不肯回鳥籠

喜歡外面的地盤

有的鳥寶認定鳥籠外的廣闊世界也是自己的地盤，所以不肯回狹小的鳥籠。徹底遵守放飛時間，並用點心思布置鳥籠，例如放進牠最喜歡的玩具等，鳥寶應該會願意乖乖回籠才對。

鸚鵡 文鳥

不想離開鳥籠

外面好可怕……

放飛時如果經歷過可怕的事情，鳥寶可能就會躲在安全的鳥籠中不肯出來。耐心等候鳥寶自行走出鳥籠吧！此外，換羽期或身體不適的時候，也會蜷縮在籠子裡。

鸚鵡

左右移動

按捺不住想玩耍的心

鳥寶看起來心浮氣躁，在棲木上左右移動。鳥寶會出現這樣的行動，表示牠現在就想跟飼主玩耍，已經按捺不住了。一旦發現鳥寶有這樣的動作，就立刻放牠出籠，全心全意陪牠玩耍吧！

鸚鵡

叼起玩具往下丟

我玩膩了～

如果鳥寶對自己丟下去的玩具不屑一顧，表示牠可能已經玩膩了。邊對牠說話，邊幫牠撿起玩具放回原本的位置，就可以變成「你丟我撿」（→P.100）的新遊戲，鳥寶應該會重新愛上那個玩具才對。

鸚鵡

啪噠啪噠上下拍動尾羽

結束了

這是鳥寶在告訴你「遊戲結束」的「結束行動」。也是鸚鵡本身在轉換心情時會出現的動作。大大張開翅膀上下拍動也是結束行動，可別跟打開肩膀處的翅膀擺動（→P.136）混淆了！

鸚鵡

展翅
拍打翅膀

人家還想繼續玩啦！

鳥寶在抵抗，告訴你：「我還沒玩夠！　我不想回鳥籠！」一旦飼主臣服於鳥寶的抵抗，牠就會學到「會吵的孩子有糖吃」的道理，因此以後一旦有了不合牠心意的事情，牠就會出現這樣的行動，請務必留意。

鸚鵡

瞳孔縮小

情緒高昂

瞳孔可以顯示鳥寶的心情。鳥寶情緒高漲的時候，例如：發現討厭的對象，準備發動攻擊時、最喜歡的人跟自己說話，心情愉悅時、得到好吃的點心，覺得「太好了」等情況下，瞳孔便會縮小。

文鳥

眼睛變成三角形

我生氣囉！

文鳥憤怒到達頂點時，眼睛就會變成三角形！這時候牠亢奮的情緒來到最高點，萬一不小心伸出手，很可能會被牠咬得皮開肉綻。所以在牠的憤怒鎮靜下來之前，請讓牠自己靜一靜吧！

文鳥

變成麻糬狀

好放鬆♡

極度放鬆的時候，文鳥會「麻糬化」入睡。有時甚至會變成一顆軟綿綿的麻糬，窩在心愛的飼主手上呼呼大睡。這是飼主深受文鳥信任的證據。

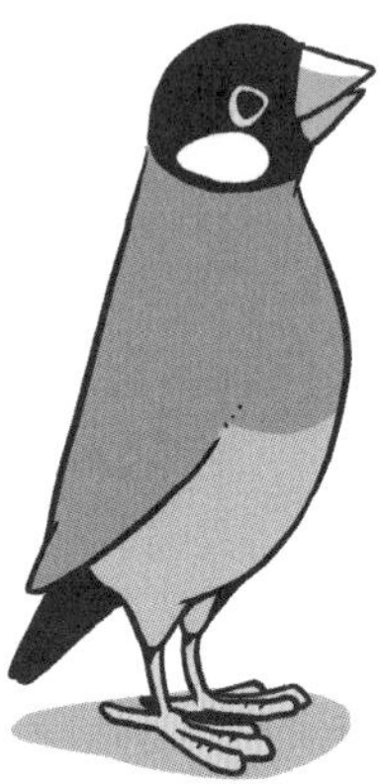

鸚鵡　文鳥

身體變細長

嚇一跳！

鳥寶受到驚嚇的時候，身上羽毛會貼合身體，身形看起來變得細長。出現這情況，表示鳥寶看到陌生的東西或人物，情緒很緊張。為避免刺激到嬌貴的鳥寶，請幫牠去除掉有可能會讓牠害怕的東西。

鸚鵡

叼起自己的大便

你要確實打掃乾淨啊！

有時鳥寶會因為在意散落在鳥籠底部的糞便，而叼起糞便啃咬。清潔鳥籠是飼主的責任。請在鸚鵡看不順眼之前，每天更換鋪在底部的墊料吧！也可以鋪上底網，以免鳥寶直接接觸糞便。

鸚鵡　文鳥

羽毛膨起來

我生氣囉！

臉部周圍的羽毛膨起，表示鳥寶現在進入「我很生氣喔！」的憤怒模式。如果鳥寶還會哈氣，表示牠的憤怒到達最高點。這時候，總之請你先跟牠道歉，待牠憤怒平息前，先跟牠保持距離。另外，發情時心情亢奮，鳥寶也會膨起臉部周圍的羽毛。

鸚鵡

抬高肩膀

我很帥吧？

打開肩膀處的翅膀高舉，昂首闊步走在地上，是鳥寶在向屬意的雌鳥或飼主誇耀自己有多強，告訴對方「我很帥吧？你愛上我了吧？」的意思。玄鳳鸚鵡的雄鳥身上常見這類行動。為了抑制多餘的發情行為，一旦看到鳥寶出現這個動作，請立刻讓牠回鳥籠裡休息。

鸚鵡　文鳥

站在高處

我比你偉大

高處＝安全的場所，因此鳥類都認為「站在高處比較偉大」。如果家裡的鳥寶放飛時總是站在高處，表示牠有可能瞧不起飼主。飼主可以嘗試拉起繩索等等，設法阻止鳥寶前往高處。

BIRDSTORY'S STORY

鳥寶真是不可思議！

投稿！
青銅翅鸚哥・小夜

我家的青銅翅鸚哥・小夜，是一隻文靜且個性穩重的鳥寶
放飛時，牠總是乖乖待在自己喜歡的地方
！
但是，牠對飼主的眼淚非常敏感
嗚泣…
有次，我因為某個原因在哭泣，原本待在喜歡之處休息的小夜，立刻飛到我肩膀上，
嗚泣….
用鳥喙輕啄我的頭髮和臉頰
簡直就像在安慰我「妳怎麼了？打起精神來！」
只要我在哭，牠就會飛過來安慰我的行動，已經出現過好幾次，我認為這是因為牠感受到我的情緒，才做出來的行動
鳥寶可以感受到許多不同的事情……真是不可思議呢！

PART 6

鸚鵡學

關於鳥的一生、身體構造、產卵等等……

解說有關鳥寶的各種祕密。

你會發現「鳥」是一種對牠認識越多，

越令人感到深奧的生物。

了解鳥寶的身體構造

鳥寶身體有許多「飛行的祕密」！

鳥類最大的特徵，不用說就是「飛翔」吧！或許很多人認為鳥類有翅膀，所以才能飛。但是，原因不僅如此。鳥類的骨骼、肌肉及體溫等看不到的地方，也隱藏了飛行的祕密喔！

用來飛行的構造

體溫

鳥類體溫比人類稍高，介於40～44°C。偏高的體溫可促進新陳代謝，讓鳥寶活力十足地行動或飛翔。

翅膀

和骨骼相連、飛行時不可或缺的結實羽毛稱為「飛羽」。

初級飛羽

前端的羽毛，具有螺旋槳的作用，飛行時能產生的推進力。

次級飛羽

相當於飛機的機翼。可以產生讓鳥寶順利乘著空氣氣流飛行的升力。

三級飛羽[22]

輔支援次級飛羽的羽毛。

尾羽

用來轉換方向或維持平衡的羽毛。著生在尾骨上。

22 一般從鳥類翅膀前端朝內數，前10根為初級飛羽，第11～20根為次級飛羽。三級飛羽是靠近軀幹內側的少數幾根羽毛，在臺灣較少使用這個稱呼。

骨骼

為了減輕身體重量，鳥類骨骼內部幾乎都是空洞。骨骼呈現蜂窩狀，長有許多細小柱子以提高骨骼的硬度。

胸肌

負責擺動翅膀的是，占體重約25%的大胸肌。哺乳類身上也有胸骨，但只有鳥類有龍骨突。

呼吸系統

身體各處都有儲存空氣的「氣囊」，可增加鳥類呼吸的效率。另外，氣囊也具有調整體溫的功用。

排泄

鳥類會頻繁排便，也是因為要盡量減輕身體重量之故。

防水功能

位於腰部上方的尾脂腺會分泌油脂成分。鳥類整理羽毛時，會沾取油脂塗抹全身以提高防水效果、保護羽毛、防止羽毛上的細菌增殖。作用近似人類使用的髮油。若用溫熱的水洗澡，會沖刷掉羽毛上的油脂，因此請務必小心。

安全地洗個澡 → P.76

臉

鼻孔
露出來了！
鼻孔
沒有外露！

鼻子

鼻孔顯露在外與否，會因鳥種而異。虎皮鸚鵡之類居住在乾燥地帶的鳥，從外觀上可以直接看見鼻孔。而居住在雨量豐沛地帶的桃面愛情鸚鵡等，就無法直接看到鼻孔。

冠羽

頭頂的長羽毛，僅見於鳳頭鸚鵡科的鳥身上。冠羽會配合鳥兒的情緒豎起等等，呈現各種變化。

耳羽

位於眼睛偏下方的小洞。鳥類沒有耳廓，耳洞外緣覆蓋著羽毛，外觀上看不見耳洞。

眼睛

鸚鵡視野的最大角度約330度。眼睛位於臉部兩側，稍微突出，因此視野寬闊也是鸚鵡的特徵。

為了逃離敵人而特化

眼睛
長在左右兩邊

由於視野寬闊，因此容易逃脫敵人的追捕。只不過，單邊眼睛的視野雖然寬闊，但是雙眼重疊的視野狹窄，因此不擅長立體辨識物體，也較難判斷距離。鸚鵡、鳳頭鸚鵡和文鳥都屬於此類。

為了捕獲獵物而特化

眼睛
長在正前方

擅長追捕逃亡的敵人。單邊眼睛的整體視野稍顯狹窄，但是雙眼重疊的視野比鸚鵡還廣闊，因此較容易立體辨認物體形狀，並正確判斷距離。猛禽類就屬於這種。

走路方式也不一樣喔！

虎皮鸚鵡和文鳥，
大家知道牠們的腳有什麼不一樣嗎？
虎皮鸚鵡是對趾足，
文鳥是三前趾足
對趾足
三前趾足
走路方式也不一樣喔！
一步一步走
跳躍
跳躍
虎皮鸚鵡可以一步一步慢慢走，文鳥是用跳的
順便告訴大家，烏鴉跟斑點鶇可以一步一步慢慢走，也可以跳躍前進
有機會請慢慢觀察看看吧♪

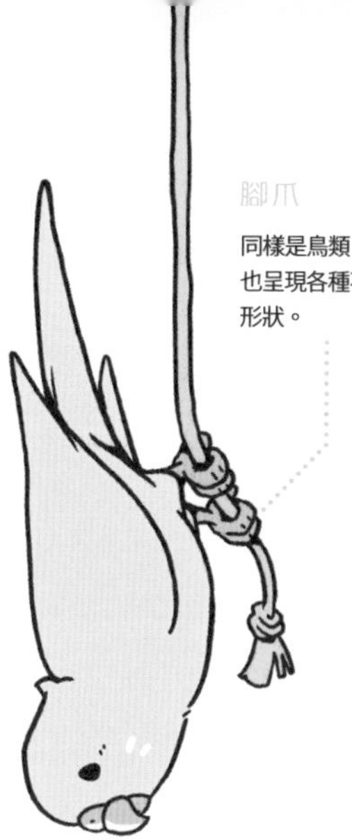

腳爪

同樣是鳥類，腳爪也呈現各種不同的形狀。

對趾足（右腳）

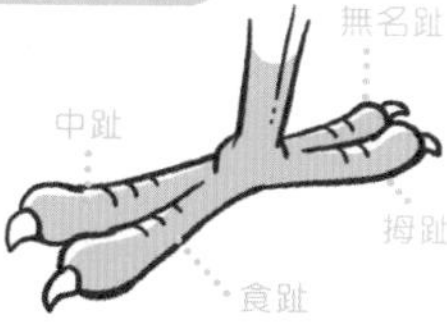
無名趾
中趾
拇趾
食趾

鸚鵡及鳳頭鸚鵡有4根腳趾，其中2根往前、2根往後。方便抓取飼料或握住樹枝。

三前趾足（右腳）

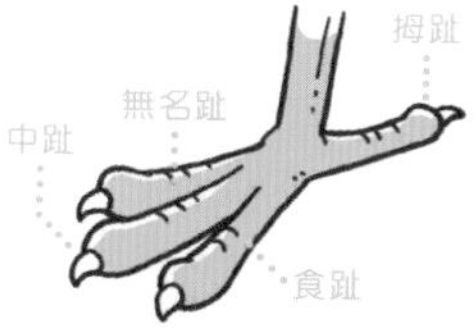
拇趾
無名趾
中趾
食趾

文鳥及斑胸草雀的腳趾形狀，呈現3根往前，1根往後。可以站在枝頭上或握住東西，但是無法像人類的手或鸚鵡一樣抓著飼料進食。

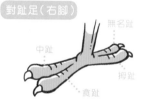

消化構造

舌頭

鸚鵡的舌頭厚而乾燥。吸蜜鸚鵡科（→P.12）的舌頭為刷子狀。文鳥的舌頭則呈現細長型。都是最方便牠們進食的構造。

鳥喙

鳥類沒有牙齒，取而代之的是，由堅硬角質（蛋白質）形成的鳥喙。很適合用來啃咬堅硬物體，也能咬破東西或啄食。

前胃（也稱為腺胃）
肺
生殖器
腎臟
腸・胰臟
泄殖腔
食道
嗉囊
心臟
肝臟
砂囊

食道

肌肉形成的管道，供食物通過。食道中有分泌黏膜的腺體。

嗉囊

位於食道中間的袋狀器官。可以儲存食物，讓食物在此保溫並軟化膨脹。

前胃

第1個胃。分泌可以分解蛋白質的胃酸，與飼料混合後，將食物送往下一個胃（砂囊）。

砂囊

肌胃。裡頭有沙狀物質，混合在胃酸之中，用以磨碎飼料。（但人工飼養的鸚鵡砂囊，沒有沙狀物的東西）

小腸

小腸內會分泌來自胰臟和肝臟製造的消化液，進一步消化從胃部送來的食物，並吸收營養。

大腸

吸收食物中的水分。無法儲存排泄物，與哺乳類相較之下，長度非常短。

胰臟

分泌消化蛋白質、碳水化合物、脂質的酵素，幫助消化。

肝臟

製造消化脂肪的酵素、儲存營養，以及解毒或分解有害物質。

泄殖腔

位於肛門身處的空間，與消化道、輸尿管、輸卵管（輸精管）相連。

五感

鳥類是晝行性的生物！

鳥類是白天活動、晚上睡覺的「晝行性」生物。要在明亮的陽光下辨識物體，視覺是最有效的。因此，一般認為鳥類在進化過程中，視力才會變成五種感官內最為發達的一項。

鳥類的動態視力優秀過人，我們哺乳類動物根本無法望其項背。不僅如此，鳥類識別顏色的能力也非常卓越。據說鳥類甚至可以分辨「三原色＋紫外線」！鸚鵡身體色彩斑斕，很可能就是因為牠們可以分辨出各種顏色也說不定。

除視覺外的其他感官，也配合鳥類的生活而變得更加發達。

視覺

鳥類視力約人類的5～8倍。視野非常寬闊，可以同時掌握住遠近兩個地方。也能分辨出「三原色＋紫外線」。

聽覺

鳥類可以聽見的聲音頻率範圍約200～1萬赫茲。鳥類可以藉由移動頭部，鎖定音源的位置。牠們可以清楚靈敏地聽見範圍比人類狹小的聲音。

嗅覺

據說鳥類的嗅覺其實並不是特別發達。只不過，有些鳥兒也喜歡有香味的飼料，因此牠們應該可以分辨氣味的差異才對！

味覺

由於鳥類感知味道的「味蕾」較人類少，因此似乎對食物的味道不怎麼挑剔。但是討厭苦味、喜歡甜味的鳥兒有偏多的傾向。

觸覺

鳥類能夠敏感地感知壓力、速度及振動。但是對溫度及疼痛較為遲鈍。鳥喙也是有感覺的。

觀察鳥寶的成長

⚠ 成長快慢有個體差異，月齡．年齡約大略基準，僅供參考。

雛鳥

小型（虎皮鸚鵡）	至孵化後約35天
中型（綠頰錐尾鸚鵡）	至孵化後約50天
大型（非洲灰鸚鵡）	至孵化後約6個月
文鳥	至孵化後約25天

孵化～自行進食

- 剛出生的雛鳥沒有羽毛，眼睛仍處於閉合狀態。
- 待羽毛長齊、自行離巢之後，讓牠慢慢習慣人類。
- 由於雛鳥尚無法調節體溫，因此要注意溫度、好好保溫。

幼鳥

小型	約35天～3個月	大型	約6個月～1歲半
中型	約50天～6個月	文鳥	約25天～4個月

自行進食～雛鳥換羽＊

- 可以自行進食之後，開始萌生自我意識。有時候會出現反抗性的態度。
- 照顧時要多多給予關愛。需要保溫。
- 可以自行進食之後，可以讓牠練習站上棲木等等，嘗試讓牠習慣成鳥用的鳥籠。

第一次叛逆期

萌生自我意識，想從仰賴飼主照顧的狀態獨立，會拒絕飼主的幫助。

配合鳥寶的成長階段照顧牠！

飼主的目光總是停留在可愛的孩子身上，或許會一直把牠當小孩子看待。但是，鳥寶從雛鳥變成幼鳥，經歷過成鳥時代，來到老年期……，鳥跟人一樣，身心都會隨著年齡增長而產生變化，逐漸成長、成熟。

當然，挑選飲食成分、玩耍方式及照顧的方法，也必須配合愛鳥的成長階段，多下一點功夫才行。

為了讓愛鳥的生活變得更加豐富，最重要的是確實掌握現在家中鳥寶處於哪一個成長階段，以明白今後會有什麼樣的成長。

＊ 換掉雛鳥羽毛，長出成鳥羽毛

亞成鳥

（小型 約3～8個月　大型 約1歲半～3歲
中型 約6～10個月　文鳥 約4～6個月）

雛鳥換羽～性成熟

- 學習社會經驗的時期。對鳥寶而言，人類和牠的關係會從父母→伴侶。
- 讓牠和其他鳥寶或人類培養關係；放飛時，教牠「家規」，例如：不可以進去的地方等等。
- 帶牠去醫院之類的地方，讓牠習慣外出。

成鳥

（小型 約8個月～4歲　大型 約3～15歲
中型 約10個月～6歲　文鳥 約6個月～3歲）

適合繁殖的時期

- 剛達到性成熟階段時，身心無法取得平衡，會出現反抗性的行為。
- 由於體內充滿了能量，因此請多陪牠進行較具活動性的遊戲！
- 鳥寶會想跟伴侶產生親密關係，如果飼主不打算繁殖的話，請抑制牠的發情頻率。

第二次叛逆期

相當於人類的青春期。
想跟飼主撒嬌與不想受干涉的心情混合在一起的狀態。

壯年鳥

（小型 約4～8歲　大型 約15～30歲
中型 約6～12歲　文鳥 約3～6歲）

精神穩定的成熟期

- 雖然具有繁殖能力，但容易發生繁殖障礙。
- 容易出現生活習慣病（代謝症候群）。
- 為避免鳥寶在鳥籠內感到無聊，請在覓食遊戲（➜P.97）上多下一點功夫！

老鳥

（小型 約8歲～　大型 約30歲～
中型 約12歲～　文鳥 約6歲～）

顯現老化徵兆的時期

- 運動能力及身體機能衰退。
- 不喜歡變化，因此請給牠規律的生活。
- 移動放置鳥籠的場所等等也會對牠造成壓力，請多留意。

雛鳥孵化之前的準備

相親～交配

隔著鳥籠讓牠們見面

先隔著鳥籠讓兩隻鳥寶見面，如果沒有問題便可合籠。順利配對後，鳥寶會在發情時交配。交配後，雌鳥會頻繁進入巢箱，準備產卵。

該準備的物品

- **鳥籠**

  選擇空間較寬闊的鳥籠，方便放置巢箱。

- **巢箱墊料**

  準備用來鋪設於巢箱的稻草蓆、植物纖維或報紙，方便鳥寶做為墊料使用。太細的纖維可能會纏住腳，請多留意。

- **飼料和水**

  為促進發情，請準備高熱量．高蛋白質的飼料。維他命和礦物質也不可或缺！

- **巢箱**

  選擇適合鸚鵡體型的尺寸，在巢箱上鑽洞，以鐵絲等將巢箱固定在鳥籠上。

固定巢箱時，記得放在方便鳥寶站在巢箱上交配的高度。

是否要繁殖，必須慎重決定……

請鉅細靡遺地學習必要的知識，了解可能發生風險並做好心理準備之後，再進行繁殖。

- 鸚鵡或鳳頭鸚鵡適合繁殖的時期為春秋兩季，文鳥則以秋季為佳。
- 務必先接受過健康檢查後再進行繁殖。
- 產卵～育雛時，必須注意雌鳥的營養管理。在飼料碗之外，可以準備另一個容器盛裝鈣質，但不建議無限量供應雌鳥食用。同時並給予營養品補充維他命D。
- 虎皮鸚鵡每次可以產下五至六顆蛋，因此請先深思你是否能對所有小生命負責！

雌鳥會持續孵蛋，直到雛鳥孵化破殼為止。雄鳥也會幫忙孵蛋。

雄鳥會幫雌鳥搬運飼料回巢箱，再反芻吐料給雌鳥食用。

產卵～孵蛋

在巢箱中孵蛋

交配後約一週，鳥寶每隔一天（文鳥則是每天）會產下一顆蛋，總計會產下約五顆蛋。雌鳥會在巢箱內孵蛋。人類只要替牠們更換新的飲食和墊在鳥籠底盤的紙張即可。

注意

遲遲不產卵的時候

雌鳥肚子變得稍硬之後過了兩天，雌鳥仍蹲在巢箱外面時，有可能是發生了挾蛋症（卡蛋）的情況。請盡快帶牠就醫。

孵化～育雛

孵化所需的時間

虎皮鸚鵡	約 **20** 日
雞尾鸚鵡	約 **23** 日
愛情鸚鵡	約 **23** 日
文鳥	約 **16** 日

鸚鵡約20～23天就會孵化！

雛鳥會依照產卵的順序孵化破殼。雌鳥會邊窩在尚未孵化的蛋上繼續孵蛋，邊吐料餵食雛鳥。維持鳥籠內的溫度在28～30℃，濕度60～70%（雛鳥孵化後要提高濕度！），並為鳥爸媽準備營養均衡的飼料。

養育雛鳥的方法

待雛鳥離巢後，讓牠們習慣人類

照顧雛鳥的任務交給鳥爸媽，飼主只要在一旁守護著牠們即可。太早讓雛鳥離開巢箱，將來會造成鳥寶較難承受壓力，也無法順利進行互動或交流。

雛鳥自行離開巢箱前，餵食的工作基本上就交由鳥爸媽負責。如果鳥爸媽都很親近人類，等雛鳥離開巢箱之後，就試著讓牠們慢慢習慣人類吧！若鳥爸媽放棄養育雛鳥，飼主就必須接手餵食雛鳥的工作。將所有雛鳥從巢箱移至育雛用塑膠盒中，並撤走鳥籠內的巢箱。為防止鳥寶再度繁殖，讓雌鳥和雄鳥分籠居住！

雛鳥的成長
以雞尾鸚鵡為例
第2～4天
剛出生的雛鳥身上沒有羽毛，也尚未睜眼。
第12～14天
經過約1週，鳥寶就會睜開眼睛，2週後全身就會長出絨毛。羽毛顏色也會逐漸改變。
長到這麼大之後，飼主就要開始人工餵食了。
第21～30天
長相會變得越來越接近成鳥。想讓鳥寶上手的話，就要趁這段期間讓牠慢慢習慣人類。

雛鳥的籠內擺設

加濕器

跟保溫一樣，維持適當濕度也很重要。在籠子附近放置濕毛巾也不錯。

塑膠盒

鳥籠推薦使用保溫能力較高的塑膠盒。

保溫燈

安裝在籠子外側，以免雛鳥直接碰觸而受傷。

墊料（廚房紙巾）

將廚房紙巾撕成細條，鋪在籠子底部。髒了就立刻更換。

溫濕度計

由於鳥籠內外的溫度和濕度會產生差異，因此請務必放置於鳥籠內。

除了吃飯之外都在睡覺

即使雛鳥已可離巢，但雛鳥其實除了吃飯之外，其他時間幾乎都在睡覺。成長時最不可或缺的就是睡眠！飼主基本上除了餵食之外，不可以隨意碰觸雛鳥。但是，餵食時請記得檢查雛鳥食慾是否良好、嗉囊（位於胸部，飲食後就會膨脹的部位）的狀態或健康是否有異，以及身體是否有髒汙。

注意

保溫比什麼都重要

飼養雛鳥時最重要的重點就是保溫。由於羽毛還沒長齊的雛鳥身體缺乏保溫能力，因此切勿將雛鳥養在鳥籠中，請放入塑膠盒內飼養。同時使用保溫工具，讓塑膠盒內的溫度經常維持在最適合雛鳥的28～30℃。

人工餵食的方法

人工餵食是養育雛鳥時必須的技能！

養育雛鳥時，鳥爸媽會將自己吃下的食物吐出來給雛鳥食用。雛鳥離巢之後，飼主得代替鳥爸媽人工餵食。

以前是自行混合小米和煮熟的蛋黃泥，製成俗稱「小米球」的飼料人工餵食。現在，由於市售的小米球營養較不均衡，因此並不推薦大家餵食小米球。請選用產自值得信賴的廠商、且營養均衡的粉狀飼料（鳥奶粉）。

如果在嗉囊還有上一餐食物殘留的情況下餵食，可能會造成嗉囊停滯（→P178），因此餵食的時候請一定要記得邊量體重！

＊在餵食下一餐時，應先確認嗉囊內是否還有奶水殘留。因為每種奶粉及每個主人在調配的比例方式不同，會影響到鳥寶消化的問題。一定要注意。

人工餵食的方法

什麼樣的飼料才適合食用，端看雛鳥的身體狀況，因此請帶雛鳥接受健康檢查並諮詢獸醫師。若非有什麼不得已的原因，一般狀況下，還是推薦粉狀飼料。

◎ 粉狀飼料

含有雛鳥必需的營養素且營養均衡，雛鳥只要食用粉狀飼料，便可順利成長。因為是粉狀的，所以請先用溫水泡開之後，再給鳥寶。

○ 粉狀飼料＋去殼小米

將去掉外殼的小米加入泡開的粉狀飼料中一起餵食。請諮詢過獸醫師之後再決定混合的比例。

餵食方式

1. 測量體重
2. 人工餵食飼料

以人工餵食專用的湯匙舀起泥狀飼料，放在幼鳥嘴喙旁邊，牠就會自己食用。

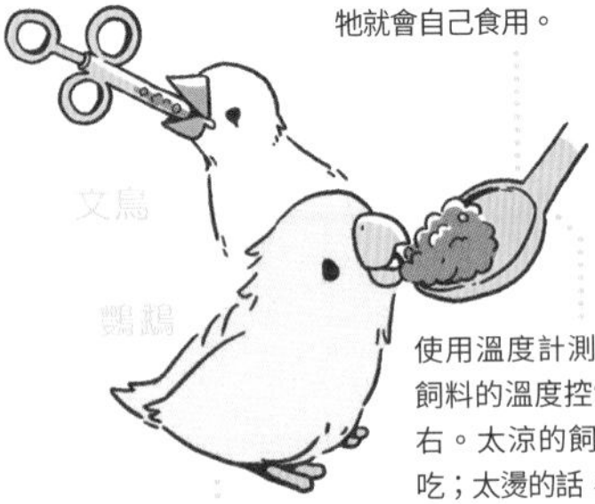

使用溫度計測量，將泥狀飼料的溫度控制在40°C左右。太涼的飼料鳥寶不肯吃；太燙的話，則有可能燙傷嗉囊。

每次餵食，請餵到嗉囊飽滿為止。位於鳥寶胸部，吃下東西就會膨脹起來的部分就是嗉囊。

3. 測量體重
4. 記錄餵食的時間和體重

人工餵食的次數

＊會隨鳥寶的狀態而改變。

出生後 **10～20** 天	1天 **10～12** 次
出生後 **21～28** 天	1天 **4～6** 次
出生後 **29～35** 天	1天 **2～3** 次

從人工餵食到自行進食

孵化後約一個月左右，就可以讓鳥寶自行進食！

小型鸚鵡孵化後一個月後，便可訓練牠斷奶學習自行進食。斷奶時不可以突如其來地停止人工餵食，而是先將穀物飼料或滋養丸撒在塑膠盒中，並減少人工餵食的次數。如果鳥寶會吃穀物飼料或滋養丸的話，就逐漸減少人工餵食的次數，並於隔天早上確認鳥寶的體重是否減輕。如果體重變輕了，就增加人工餵食的份量。如果最後在沒有人工餵食的情況下，鳥寶願意自行食用成鳥用的飼料，斷奶的步驟就算完成了。

只不過，讓鳥寶斷奶自行進食的過程也可能不順利。如果發生這種情況，請立刻就醫諮詢醫生。

斷奶自行進食的準備

① 準備水杯

開始斷奶後，請在塑膠盒內準備水杯！

② 設置高度較矮的棲木

準備高度較矮的棲木，讓鳥寶練習如何站上棲木。這也可以幫助牠獨立。

散步

帶鳥寶出門散步

要不要散步，由鳥寶決定！

有的鳥寶喜歡散步，有的鳥寶討厭散步，因此不需勉強帶牠出門。散步時，安全第一，別忘了自己的愛鳥要靠自己來保護！同時，要特別小心感染症或植物中毒。

先從附近開始

不要突然挑戰出遠門，先在住家附近散步，或是去附近的公園走走，總之先從短時間．短距離開始吧！

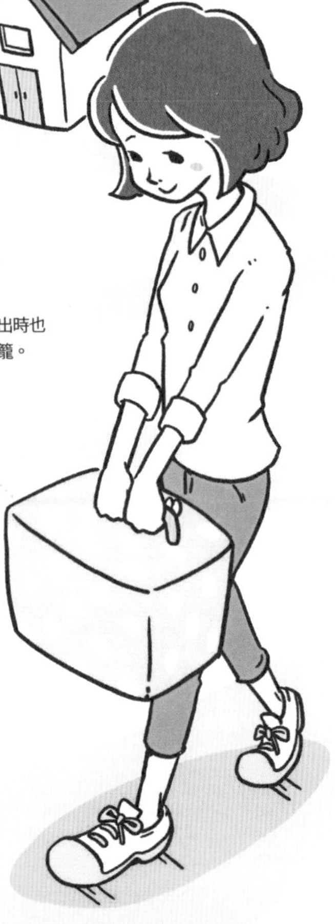

一定要將鳥寶放在外出籠內

無論鳥寶再怎麼親人，外出時也絕對不可以讓牠離開外出籠。

考慮一下天氣！

天氣太熱或太冷的時期，就別帶牠出門散步了。

留意農藥及會引發中毒症狀的植物

對鳥寶而言危險的植物多不勝數。請小心留意，避免鳥寶在外頭誤食植物。

⚠ 小心野鳥的糞便！

鳥寶有可能因為野鳥糞便感染禽流感或鸚鵡熱。散步時請特別留意，避免鳥寶接觸到野鳥糞便。

避免使用飛行繩或腳鍊較為安全

大型鸚鵡中，有些鳥寶可以綁上飛行繩或腳鍊，離開外出籠散步。但是使用這些產品，在鳥寶受到驚嚇突然起飛時，很可能會導致鳥寶受傷，因此請多加注意。

事到如今很難開口詢問這些鳥類的相關問題。
所以，就在此告訴各位5個基礎知識吧！

鳥類在野外是怎麼生活的？

野生的鸚鵡是群居動物

容易受到天敵襲擊的小型鸚鵡（如虎皮鸚鵡等）總是成群結隊一起行動；而大型鸚鵡白天好幾隻一起行動，晚上則所有同伴聚集在一起睡覺。牠們彼此之間會透過天生的鳴叫聲（→P.131）溝通。

鳥群中有沒有老大？

夥伴之間的關係才是最重要的

鸚鵡之間沒有主僕關係，群居生活中也沒有地位高低的分別。牠們重視的是伴侶之間的感情！鸚鵡是依自己有多喜歡對方，來決定對方在心中的地位。

由雌鳥負責餵養小孩嗎？

雄鳥・雌鳥一起帶小孩

雄鳥和雌鳥共同養育小孩，是鳥類的特徵。雖然負責產卵的只有雌鳥，但是雄鳥和雌鳥都會懷抱著滿滿的愛一起養育子女，從孵蛋到反芻吐料餵食，都是由鳥爸媽一起完成的。

鸚鵡是一夫一妻制？

配對好的伴侶，活著的期間只愛著對方

鸚鵡只會跟自己唯一深愛的對象配對結成伴侶，屬於一夫一妻制。基本上，不會每次繁殖都更換身邊的伴侶，但是偶爾也會有一些花心的鳥寶（公的虎皮鸚鵡）。折衷鸚鵡則是一隻雌鳥產卵、孵蛋時，會有好幾隻雄鳥為牠運送食物。

鸚鵡可以活多久？

有超過100歲的長壽鸚鵡

虎皮鸚鵡等小型鸚鵡，平均壽命約10歲左右。但是，非洲灰鸚鵡之類的大型鸚鵡，活超過50年並不稀奇。金剛鸚鵡之中，也有壽命超過100歲的長壽鸚鵡。

我們是很長壽的動物。飼養之前，也要考慮到我們的壽命喔!

BIRDSTORY'S STORY

鳥寶的魅力

我認為鳥寶的魅力，正是讓人心想「牠聽懂我說的話了！」的瞬間
我也和貓狗一起生活過，但是鳥寶有許多與眾不同的「瞬間」♡
因為鳥寶眼睛長在側面，因此牠歪著頭擺出可愛姿勢，眼神對上我的瞬間
盯——…
我準備放牠出來，一走近鳥籠，牠就開始熱身運動，彷彿在說「終於等到了！」的瞬間
伸懶腰～
放飛時，口中彷彿喊著「主人———！」似地，全力朝我飛過來的瞬間
主人—!!
站在水盆上，要求我裝水讓牠洗澡的瞬間
我想洗澡
快點
伸長變細
幫我抓頭頭～
希望今後也能繼續細心品嘗鳥寶每一個可愛的瞬間♪

PART 7

鸚鵡病歷簿

每一個飼主，都希望心愛的寶貝可以健康長壽！
因此，讓我們先來學習健康檢查、疾病，
以及萬一受傷時緊急處理的相關知識吧！
畢竟飼主有守護愛鳥健康的義務。

帶去醫院接受健康檢查

守護鳥寶的健康

跟人類健康檢查一樣，我們可以透過多種檢查來診斷鳥寶的健康狀態。

飼主可以透過健康檢查，掌握愛鳥的健康狀態，更重要的是可幫助我們早期發現疾病。一年接受二至三次檢查是最理想的。必要的檢查項目，因鳥種及年齡而異，因此請諮詢過獸醫師之後，再決定要接受哪些檢查。

請選擇會鉅細靡遺地檢查鳥寶狀況的醫院，讓鳥寶接受健康檢查！因為要將寶貝愛鳥的健康交給他們負責，所以請找一間知識、技術、設備都值得信賴的醫院吧！

該接受什麼樣的檢查呢？

基本上應該接受的檢查如下。

請先跟獸醫師討論後，再決定接受哪些檢查項目吧！

【每年接受的定期健診】

- ☐ 身體檢查
- ☐ 糞便檢查
- ☐ 嗉囊檢查
- ☐ 部分感染症檢查（如鸚鵡熱等）

【帶新的鳥寶回家時】

- ☐ 身體檢查
- ☐ 嗉囊檢查
- ☐ 糞便檢查
- ☐ 感染症檢查

（小型～中型鸚鵡：PBFD、BFD、鸚鵡熱等

大型鸚鵡：PBFD、BFD、鸚鵡熱、皰疹病毒、鳥型分枝桿菌等

文鳥：鸚鵡熱等）

【應隨年齡增長追加檢查的項目】

- ☐ X光檢查
- ☐ 血液檢查

（內臟功能會隨年齡增長逐漸低下，因此請追加接受X光和血檢兩種項目吧！）

醫院是什麼樣的地方？

健康檢查的流程

1 預約

禽鳥醫院多為預約制。檢查項目請事前討論好！就醫前，請先確認是否帶了幾天份糞便等檢查時所需的東西。另外，也要記得事先確認過檢查費用。

↓

2 當天，去醫院

記得攜帶居家照顧表（→P.190）和醫院指定用來檢查的東西（糞便或尿液等）。

由平常負責照顧鳥寶的人帶牠去醫院

接受獸醫師問診是飼主的任務。為了能好好向獸醫師說明清楚鸚鵡的健康狀態，請由平常負責照顧鳥寶的人帶鳥寶去醫院。

↓

3 聽檢查結果，回家

根據檢查結果，有需要的話就領藥回家。一定好好向醫院請教藥品名稱、用途，以及投藥的方法。

檢查內容

問診

由飼主代替鳥寶說明鳥寶的健康狀態。如果鳥寶身上出現任何令人在意的變化，請趁這個時候詢問醫師。

身體檢查

會進行外觀檢查、觸診和聽診。習慣被固定的鳥寶，可以進行得很順利。另外，能正確溫柔地固定鳥寶，也是值得信賴的獸醫師應該具備的條件之一。

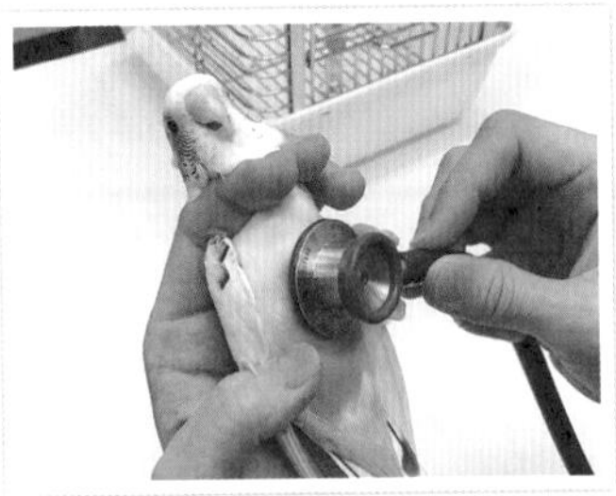

聽診

透過聽診器確認心跳聲及呼吸聲。也會檢查呼吸心跳是否出現異常的聲音。

可以得知　心臟、肺臟異常等等

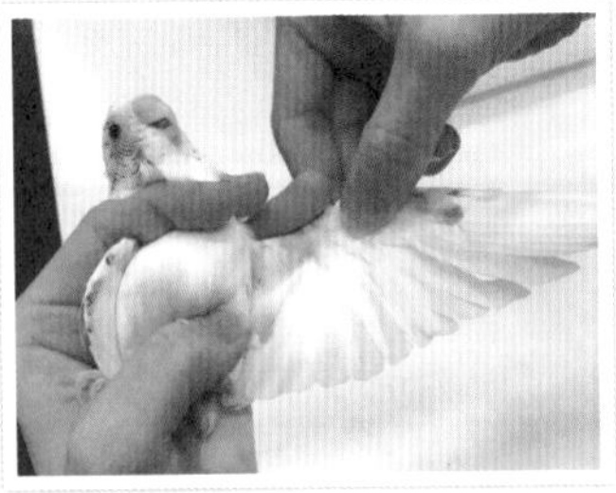

外觀檢查 觸診

直接觸摸鸚鵡身體，檢查是否有異。

可以得知　身體異常腫脹、羽毛異常、骨頭、腳爪異常、肥胖程度等等

嗉囊檢查

以專用器具抽取嗉囊液，再以顯微鏡調查。

可以得知 細菌、真菌、寄生蟲、發炎症狀

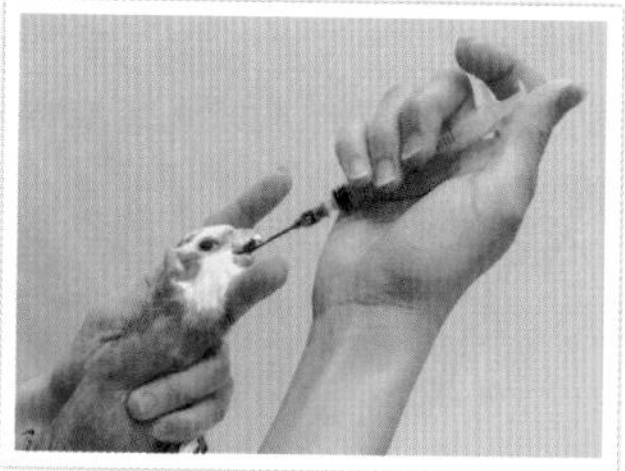

X光檢查

邊保定鳥寶邊拍攝X光照片。確認骨骼、呼吸系統、甲狀腺及肝臟等內臟大小或形狀是否異常。

可以得知 骨骼異常、內臟疾病 等等

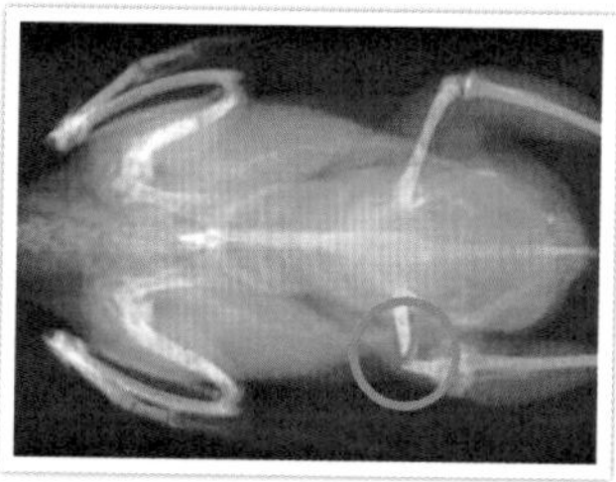

虎皮鸚鵡右大腿骨骨折

糞便檢查

以顯微鏡檢視新鮮糞便。攜帶糞便尿液的方法，請向醫院確認。

可以得知 細菌、真菌、寄生蟲、消化狀態

感染症檢查

採取糞便或血液，調查病原體基因，檢查是否感染了病症。

可以得知 PBFD、BFD、鸚鵡熱等等

要檢查什麼感染症，
請先請獸醫師確認過
鳥寶的健康狀態後，
再跟醫師討論

血液檢查

抽取血液，檢查血球狀態或內臟是否出現異常。

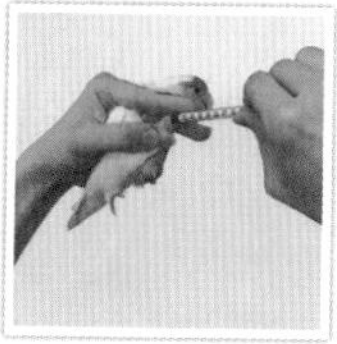

可以得知

貧血、內臟疾病、代謝性疾病等，因檢查項目而異

每天的健康檢查

平常就要仔細觀察！

野生鸚鵡是屬於隨時會遭受到敵人攻擊的一邊，也就是被獵食的動物。如果被敵人發現自己身體不適，就會增加遭受攻擊的危險，因此就算身體不適，鳥寶也會想辦法隱藏。在人工飼養下也一樣。當飼主發現鳥寶看起來狀況很差的時候，病狀已經相當嚴重了。這樣的情況並不罕見。

最重要的是，飼主能不能盡早注意到鳥寶的變異。為了盡快發現、及早治療，飼主應該確實掌握鳥寶的健康狀態。請記得每天幫牠量體重、觸摸牠的身體進行親密交流的同時，一邊檢查❶排泄物和❷身體情況。

檢查排泄物

CHECK

○ 正常的糞便

□ 尿酸

□ 尿液　□ 糞便

要每天
觀察糞便喔

另外，如果發現鳥寶身上有任何跟平常不一樣的地方，千萬不要「先觀察看看」，請立刻帶牠去用動物醫院就診。去接受定期健檢的醫院，獸醫師知道鳥寶健康時的狀態，也比較令人放心。此外，請定期於一年內接受二至三次健康檢查，好早期發現疾病，及早治療。

✕ 異常的糞便

❑ 顆粒狀糞便

（穀物未經消化，直接排泄出來）

胃部功能低下

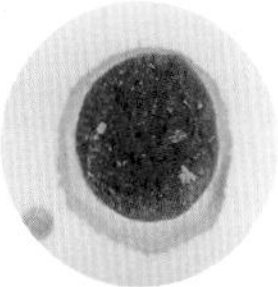

❑ 血便

腸子、生殖器、泄殖腔疾病

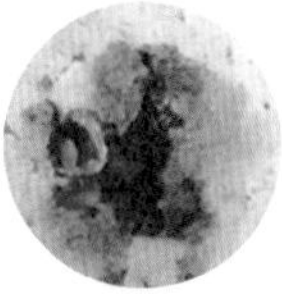

❑ 呈祖母綠色

金屬中毒

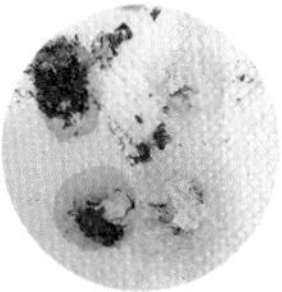

❑ 呈深咖啡色～黑色

胃或十二指腸出血

❑ 呈白色

胰臟疾病

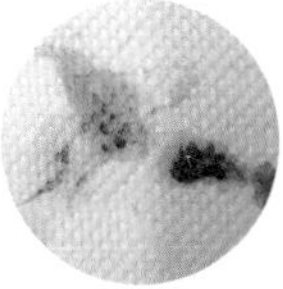

❑ 呈綠色泥狀

拒絕進食時

✕ 異常的尿液

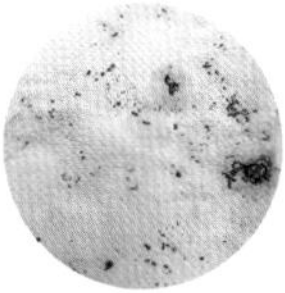

❑ 多尿

（尿中水分太多）

飲水量太多，或是有糖尿病或腎臟疾病的疑慮

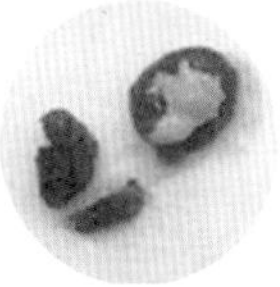

❑ 黃尿

（尿酸呈現黃色）

肝臟疾病或溶血性疾病

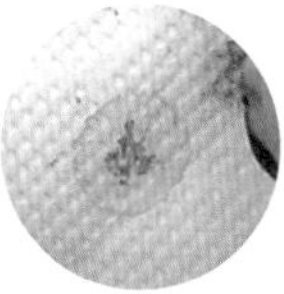

❑ 綠尿

（尿酸呈現綠色）

黃尿症狀加劇後的顏色

臉頰羽毛髒汙

❏ 外耳炎

外耳炎造成耳羽髒汙

檢查身體部位

主要的疾病說明請見P.178!

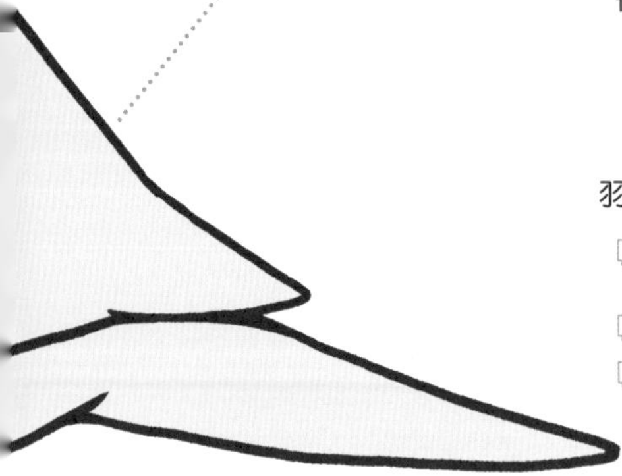

羽毛異常

成鳥後，羽毛的顏色出現變化

羽毛顏色從藍色變成白色的虎皮鸚鵡。

羽毛品質不佳

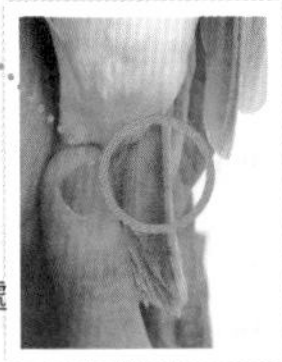

❏ 壓力紋（尾羽出現橫線）

❏ 飛羽稀疏

❏ 絨羽（生長在靠近皮膚處的細柔羽毛）太長

羽毛脫落

❏ 感染症（PBFD、BFD）

❏ 肝臟疾病

❏ 甲狀腺疾病

其他

❏ 營養失調

❏ 損傷羽毛的行動（拔毛、啄羽、自殘）

❏ 皮膚疾病等等

肚子腫脹

→ P.174

眼鼻周圍 有分泌物、腫脹

- ☐ 感染症（鸚鵡熱、黴漿菌症）
- ☐ 鼻炎、副鼻腔炎
- ☐ 眼睛疾病
- ☐ 受傷等等

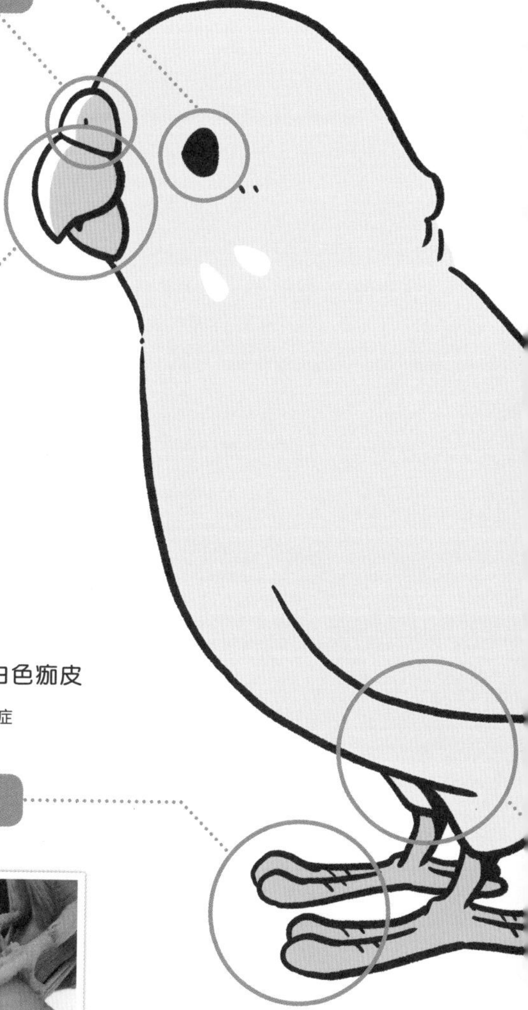

嘴喙異常

嘴喙呈紫色

- ☐ 肺炎、氣囊炎
- ☐ 心臟病變、動脈硬化
- ☐ 甲狀腺腫脹
- ☐ 天氣太冷等等

嘴喙過長、內出血

- ☐ 感染症（PBFD、BFD）
- ☐ 肝炎、脂肪肝
- ☐ 鼻炎、副鼻腔炎
- ☐ 咬合不正
- ☐ 受傷等等

出現白色痂皮

- ☐ 疥癬症

腳爪異常

趾甲太長

- ☐ 棲木不合腳（→P.49）等等

內出血、趾甲脆弱

- ☐ 肝臟疾病等等

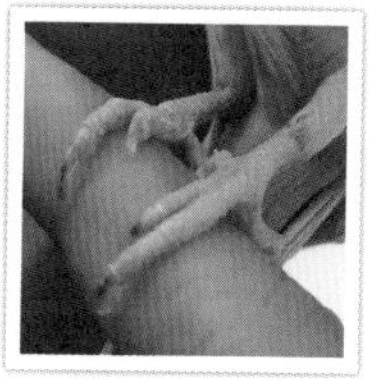

趾甲內出血。

主要的疾病症狀 → P. 178-179

可以從症狀判斷的疾病

某些動作可能是疾病的症狀

即使身體不舒服，鳥寶也無法對人類說明「我卡蛋了，所以肚子很痛」。因此，飼主必須負責觀察鳥寶是否身體不適。

沒有專業知識也無妨。只要察覺鳥寶出現異於平常的動作、生病時會出現的行動、身體發生變化，就可以帶牠去看醫生。到了醫院，獸醫師便會幫忙診斷病情。

最不該做的就是，過度樂觀看待鳥寶身上的異狀！因為在你觀察的期間，鳥寶的症狀可能會不斷惡化，導致病情延誤。接近過度保護的程度，才是最剛剛好的做法。

看見這些症狀，便立刻就醫！！

- ☐ 糞便變黑色
- ☐ 糞便變祖母綠色
- ☐ 不排便
- ☐ 不停嘔吐
- ☐ 呼吸粗重
- ☐ 不停發作痙攣
- ☐ 肛門排出異物
- ☐ 腳步踉蹌無力
- ☐ 嘴喙顏色慘白或變紫色
- ☐ 一直蹲在地上

尤其是一直蹲著的時候，多半是因為疾病已經加劇轉變成重症了，因此請立刻帶牠去醫院就診！

嘔吐

可能的疾病

嗉囊
- 滴蟲症
- 纖維等異物阻塞

甲狀腺
- 甲狀腺腫脹

肝臟
- 肝炎、脂肪肝等

其他
- 腫瘤壓迫到消化系統
- 挾蛋症
- 生殖器腫瘤
- 卵黃性體腔炎
- 金屬中毒等等

胃
- 巨細菌症
- 前胃擴張症
- 隱孢子蟲症（桃面愛情鸚鵡）
- 異物
- 胃炎、胃腫瘤等等

腸
- 腸阻塞

胰臟
- 胰臟炎

\這是正常的!/
- 發情吐料
- 狼吞虎嚥吃太多的時候

\ 如果看見這些情況 /

反覆嘔吐 沒有食慾 腳步踉蹌或痙攣	有食慾，但是會週期性地嘔吐	嘔吐之後仍然充滿活力、食慾良好
↓	↓	↓
立刻就醫	盡快就醫	小心起見，就醫檢查

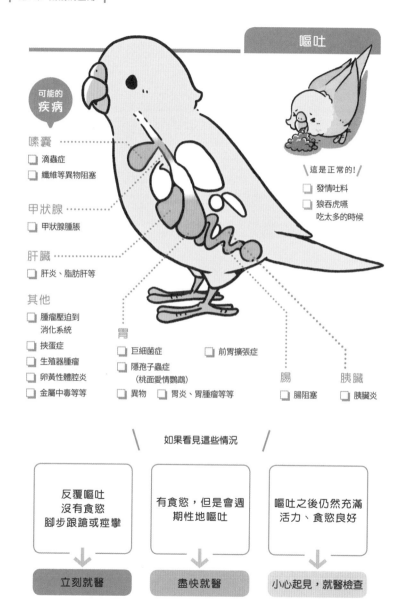

腹部腫脹

可能的疾病

\這是正常的!/

- ❑ 雌鳥發情・產卵

肝臟

- ❑ 肝炎
- ❑ 膽囊囊腫（文鳥）

生殖器

雌鳥

- ❑ 腹壁赫尼亞
- ❑ 挾蛋症（卡蛋）
- ❑ 輸卵管阻塞症
- ❑ 卵巢・輸卵管腫瘤

雄鳥

- ❑ 睪丸腫瘤

其他

- ❑ 腹水
- ❑ 其他器官腫瘤等等

腎臟

- ❑ 腎臟腫瘤
- ❑ 腎臟囊泡（又稱腎臟囊腫）

\ 如果看見這些情況 /

腹部腫脹、沒有食慾、不停嘔吐
羽毛膨起、蹲坐在地上、雙腳無力
↓
立刻就醫

有食慾，但是沒有精神，腹部腫脹
↓
盡快就醫

精神、食慾良好，但是產卵結束後，腹部仍然腫脹
↓
小心起見，就醫檢查

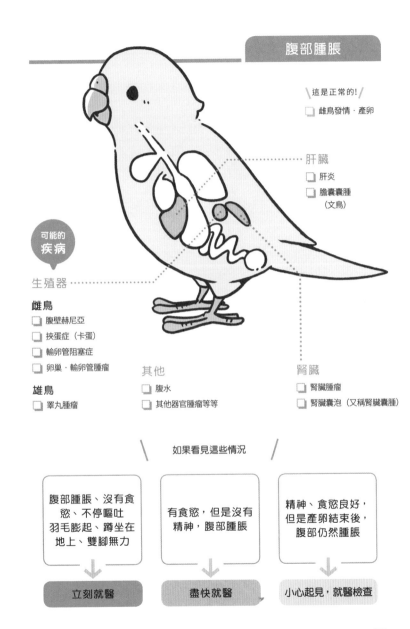

拖著腳走路、抬起腳

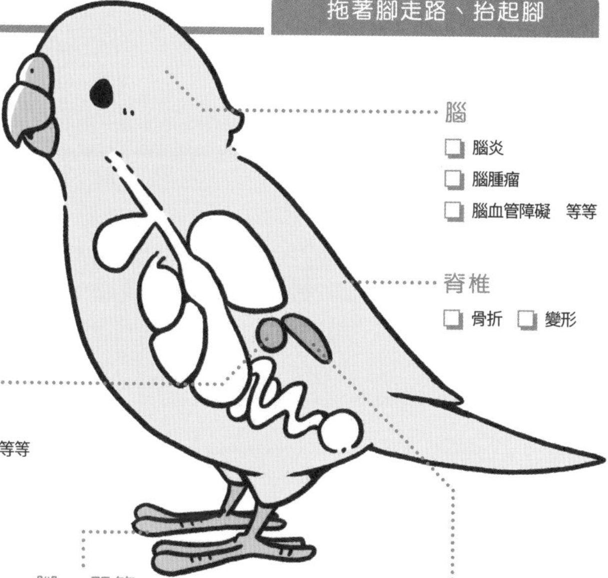

可能的**疾病**

腦
- ☐ 腦炎
- ☐ 腦腫瘤
- ☐ 腦血管障礙　等等

脊椎
- ☐ 骨折　☐ 變形

生殖器
- ☐ 卵巢腫瘤
- ☐ 睪丸腫瘤　等等

受傷
- ☐ 碰撞
- ☐ 扭傷
- ☐ 骨折
- ☐ 脫臼等等

腳・關節
- ☐ 關節炎
- ☐ 關節痛風
- ☐ 禽掌炎（bumblefoot）

腎臟
- ☐ 腎臟腫瘤

＼ 如果看見這些情況 ／

腳趾腫脹
高舉腳部，不願站在棲木上
精神、食慾不佳
有其他的異常症狀

↓

立刻就醫

抬起腳，但還抓得住棲木
精神、食慾良好

↓

小心起見，就醫檢查

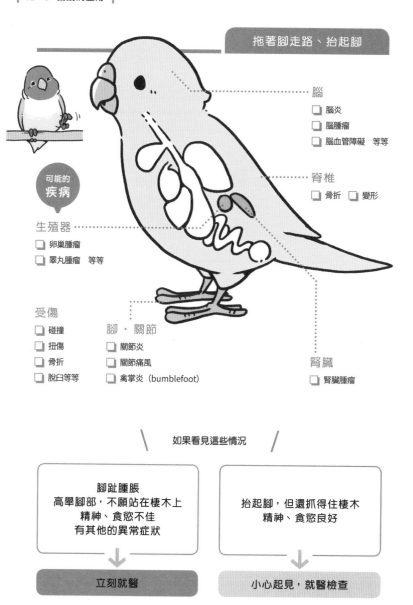

大量飲水、尿量增加

這是正常的!

- ☐ 洗完澡之後
- ☐ 天氣熱的時候
- ☐ 換羽期間
- ☐ 發情（產卵期間、雄鳥吐料時）
- ☐ 因控制飲食而空腹
- ☐ 吸蜜鸚鵡

可能的疾病

肝臟

- ☐ 肝臟疾病

生殖器

- ☐ 卵黃性腹膜炎

腎臟

- ☐ 腎疾患

其他

- ☐ 糖尿病
- ☐ 敗血症
- ☐ 藥劑作用
- ☐ 金屬中毒等等

如果看見這些情況

沒有精神・食慾或身體有其他異狀	有精神和食慾，但不符合「正常」的項目	精神和食慾良好，但正在換羽期間覺得熱產卵期間、正在吐料
↓	↓	↓
立刻就醫	**盡快就醫**	如果換羽結束／調節過溫度／產卵結束後，尿量仍然偏多，為小心起見，請就醫檢查

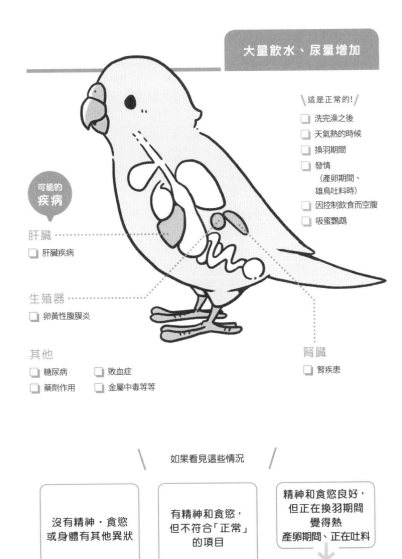

打噴嚏・流鼻水

可能的疾病

鼻子

- ☐ 鸚鵡熱
- ☐ 黴漿菌症
- ☐ 細菌感染
- ☐ 真菌感染
- ☐ 牙關緊閉症（雞尾鸚鵡）等等

精神・食慾低下 呼吸困難／有明顯呼吸聲	反覆打噴嚏、 流鼻涕	有精神和食慾， 打噴嚏 也只是暫時性的， 沒有流鼻涕
↓	↓	↓
立刻就醫	盡快就醫	小心起見，就醫檢查

咳嗽、有明顯呼吸聲、呼吸困難

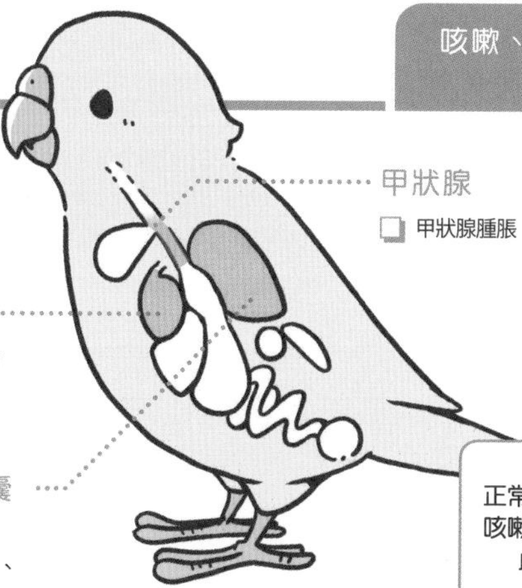

可能的疾病

心臟

- ☐ 心臟疾病

甲狀腺

- ☐ 甲狀腺腫脹

其他

- ☐ 體腔內腫瘤造成壓迫
- ☐ 腳氣病
- ☐ 鈣質缺乏症
- ☐ 挾蛋症

肺・氣囊

- ☐ 感染症（鸚鵡熱、黴漿菌症、麴菌症）
- ☐ 誤食
- ☐ 吸入中毒
- ☐ 肺腫瘤　等等

正常情況下，鸚鵡不會出現咳嗽或呼吸困難的現象，因此如果發現這些症狀

↓

立刻就醫

主要疾病一覽

	病名	症狀
由病毒或細菌引起的感染症	PBFD	會引起羽毛變形或脫落、免疫力低下等症狀的病毒性疾病。多發生於幼鳥時期。透過病鳥的糞便或羽屑傳染。
	BFD	會引起羽毛變形或脫落的病毒性疾病。成鳥感染此病也幾乎不會出現症狀，但感染的幼鳥可能會暴斃。經由病鳥的糞便或羽屑傳染。
	鸚鵡波納病毒感染症（Avian Bornavirus／ABV）	會出現消化系統症狀（食慾不振、反胃）或神經症狀（發作、雙腳無力）的病毒性疾病。潛伏期及傳染途徑等，至今仍有許多不明之處。
	鸚鵡熱	由披衣菌引起的人畜共通傳染症。會出現打噴嚏．流鼻水、呼吸困難等呼吸系統症狀，以及腹瀉．尿酸顏色變化（黃～綠色）。傳染途徑為唾液、鼻涕、糞便等。在人類身上會出現類似流行性感冒的症狀。
	黴漿菌症	由黴漿菌引起的傳染病，會引起呼吸系統症狀（眼睛紅腫、打噴嚏．流鼻水、呼吸困難等）。傳染途徑為接觸病鳥的鼻涕等排泄物或空氣傳染。
	鳥型分枝桿菌症	由名為分枝桿菌的細菌所引起的傳染病。病鳥的肝臟等內臟、眼周、皮膚上，會出現名叫肉芽腫的硬塊。人類也有可能被傳染。
	麴菌症	麴菌為一種普遍存在於空氣中的真菌（黴菌），感染後會引發呼吸系統症狀。免疫力低下也是發病的原因之一。
	巨細菌症	又稱為Megabacteria症或 AGY症。由名為巨細菌的真菌引起胃炎，會出現食慾不振、嘔吐、顆粒狀糞便、糞便變黑等症狀。多見於虎皮鸚鵡幼鳥身上。
	滴蟲症	滴蟲為一種寄生蟲，嘴喙．食道．嗉囊感染後，會引起口腔內有異物感，或是口中變得黏稠。若症狀加劇，會造成飲食困難，或是臉部化膿。
	梨形鞭毛蟲症	腸道內感染寄生蟲梨形鞭毛蟲的疾病。成鳥大多不會出現症狀，但部分病鳥會有腹瀉的情形。
	疥癬症	疥癬蟲寄生於嘴喙周圍或腳趾，造成患部出現白色病變。搔癢時，鳥寶會踏腳或啃咬患部。多是由免疫力低下所引起。
消化系統	嗉囊炎	因為人工餵食的泥狀飼料太燙，或是餵食用的軟管傷到嗉囊所引起的。成鳥身上幾乎見不到此種症狀。嗉囊發炎時，可以看見嗉囊紅腫，或食慾低落。
	嗉囊停滯	指飼料或水長時間堆積在嗉囊裡的狀態。幼鳥發生嗉囊停滯的原因，多是因為人工餵食的方式不恰當；成鳥有時則是因為其他疾病，連帶導致嗉囊停滯發生。
	胃炎．胃腫瘤	由巨細菌症、誤食有害金屬或壓力所引起，但多半原因不明。症狀有食慾不振、反胃、嘔吐、糞便變黑等等。
	腸阻塞	排泄物中不含糞便，只有尿液。有可能是因為結石或寄生蟲堆積在腸子中，造成消化道功能停止。腸阻塞是一種急症，因此一旦發現排泄物中只剩尿液，就要立刻帶鳥寶去動物醫院就醫。
	肝炎	由各種不同病原體（鸚鵡熱、鳥型分枝桿菌症、細菌、病毒等）引起，造成肝臟發炎。有時發生的原因不明。除了精神．食慾變差之外，還會出現嘴喙異常生長（過長）、羽毛顏色改變、嘴喙或腳爪有內出血等症狀。
	脂肪肝症候群	吃太多飼料或雌鳥發情過度頻繁，導致脂肪堆積在肝臟內。初期沒有症狀，但是肝臟功能會逐漸低下，一旦食慾減退，病情就會一口氣惡化。有時也會如肝炎一般，出現嘴喙過長的症狀。
呼吸系統疾病	鼻炎．副鼻腔炎	因鸚鵡熱、黴漿菌症、細菌、真菌等感染，導致打噴嚏、流鼻水。若臉部周圍腫脹，有可能將難以治療。
	肺炎．氣囊炎	因鸚鵡熱、黴漿菌症、細菌、真菌等感染，或誤食物品，導致肺臟或氣囊發炎。會出現咳嗽、無法出聲、呼吸困難等症狀。屬於急症。

生殖器	挾蛋症	指過了預產期，仍未產卵的狀態。也可能是因為過度產卵、血液鈣質含量過低、蛋大小形狀重量異常所引起。有可能原先毫無徵兆，卻急速惡化。
	輸卵管阻塞症	形成蛋的物質異常分泌，堆積在輸卵管內，導致腹部腫脹。會造成精神．食慾低落。
	輸卵管炎、體腔炎	輸卵管或體腔感染，或者構成蛋的物質洩漏，引起發炎。鳥寶的精神．食慾會突然降低，並蹲坐不動，是一種急症。
	輸卵管脫垂、泄殖腔脫垂	輸卵管或泄殖腔反轉，從排泄口掉落出來(從屁股掉出紅色黏膜)。泄殖腔脫垂經常伴隨產卵一起發生；輸卵管脫垂則多因為生殖器腫瘤、或是鳥寶發情時，主人不小心踩到所引起的。屬於急症。
	卵巢．輸卵管腫瘤	卵巢或輸卵管形成腫瘤，導致腹部腫脹。發情過度頻繁也是原因之一。會出現呼吸急促、食慾不振及反胃等症狀。若腹水堆積在體內，還可能出現咳嗽的情況。
	睪丸腫瘤	睪丸形成腫瘤，導致腹部腫脹。發情過度頻繁也是原因之一。多見於虎皮鸚鵡身上，通常在腹部腫起之前，蠟膜(鼻子)的顏色就會發生變化。
	腹壁赫尼亞	腹肌裂開，腸子或輸卵管脫垂，掉落至皮膚底下，導致腹部看起來膨脹變大。發情過度頻繁．過度產卵也是原因之一。病鳥大多都還有精神．食慾，不過病狀一旦惡化，會導致病鳥無法自行排便。
泌尿系統	腎功能衰竭．痛風	因感染、中毒或循環不全，導致腎臟功能發生障礙，引起腎功能衰竭的疾病。腎臟功能低下造成尿酸結晶累積在內臟或關節中，則形成痛風。關節痛風會造成關節泛白腫脹，並感到疼痛。
	腎臟腫瘤	腎臟形成腫瘤，導致腹部腫脹。 症狀常有呼吸急促、高高抬起腳不放或麻痺。
循環系統	心臟病變	因為感染、肝臟病變、腎臟病變、年齡增長等原因，造成心臟功能低下的疾病。有時可見嘴喙顏色從粉紅色變成紫色，或呼吸困難等症狀。是鳥寶暴斃的原因之一。
	動脈硬化	脂質或炎症細胞沉澱堆積在動脈壁上，阻礙血流，對心臟造成負擔的狀態。原因為肥胖、雌鳥發情過度頻繁、肝功能衰竭等等。 是鳥寶暴斃的原因之一。
代謝．營養類型	甲狀腺腫脹	缺碘造成甲狀腺腫大，壓迫到周圍組織。症狀有咳嗽、呼吸有吁吁聲、無法出聲、呼吸急促、難以吞嚥飼料等等。
	甲狀腺功能低下症	因甲狀腺荷爾蒙分泌不足，引發換羽不全、羽毛異常(絨羽過長、羽毛變色)、高脂血症等等。
	糖尿病	血糖值升高的疾病。多半因為鳥寶喝多尿多而發現的。原因可能是胰臟病變，但有時也會因為肝臟病變，連帶引發糖尿病。病鳥會因暈眩而腳步踉蹌，甚至會發生痙攣。
	腳氣病	多見於只以小米球人工餵食的幼鳥或亞成鳥身上。因維他命B1不足，引起腳部麻痺、痙攣或呼吸急促等症狀。
	佝僂病	因鈣、磷、維他命D不足，導致骨頭無法正常發育、彎曲，或是成長遲緩。人工餵食時給予適當的飼料，才是最重要的。
	幼鳥劈腿(踝骨變形)	因遺傳、孵化環境、缺乏礦物質等原因，造成雛鳥雙腳開開、無法站立的疾病。早期處理，多半可以治好。
其他	重金屬中毒	因攝取鉛、鋅等金屬，引起嘔吐、溶血、神經障礙、肝功能障礙等症狀。
	外耳炎	因感染導致外耳發炎。多見於桃面情侶鸚鵡身上，可從外耳孔周圍的羽毛髒汙(➜P.170)發現。
	損傷羽毛的行動	拔毛、啄羽(咬羽毛)、自殘(啃咬皮膚)等行為的總稱。發病原因分別是因為疾病或精神上的壓力所造成。若為精神上的壓力，一般認為雛鳥時期太早被帶離開父母和手足身邊，也會導致發病率增高。

緊急處置

發生萬一時，如何緊急處置

請保持沉著冷靜

無論如何預防意外或疾病，都有可能發生意料之外的狀況，如突如其來的發作或放飛時受傷等等。萬一發生了意外，飼主必須為鳥寶進行緊急處置。緊急處置時，最重要的是下列兩點：

- 飼主千萬不可驚慌失措
- 徵求醫院的指示

首先，飼主必須冷靜下來，打電話給醫院，請院方告訴你如何處置。依照外行人的判斷隨意處理，有導致病情惡化的危險，所以切莫擅自進行。

先學習P182的處置方法，將來若碰上什麼萬一，才能冷靜面對。

緊急處置的重點

1 首先，打電話給醫院！

一旦發現異狀，就立刻打電話，將症狀清楚告訴院方。然後請求醫院的指示，看是要帶去醫院，或自行在家處理。

2 有任何疑問，就聯絡醫院

如果醫院表示可以自行在家處理，但是症狀卻惡化了，這時請不要猶豫，立刻打電話去醫院諮詢。

緊急時刻要小心的事

不要觸摸傷口

就算很想知道傷口的情況，也不可以直接觸摸傷口。仔細觀察血是否止住了？以及鳥寶會不會很在意傷口？

冷靜地行動！

萬一飼主因為太擔心，變得驚慌失措，鸚鵡也會受到影響，陷入恐慌的狀態。請溫柔地對鸚鵡說「不用怕」，讓牠放心。

不可以自行判斷用藥

即使症狀相似，原因也可能大大不同，因此請不要擅自使用以前的處方藥。當然也不能亂用人類的藥物。

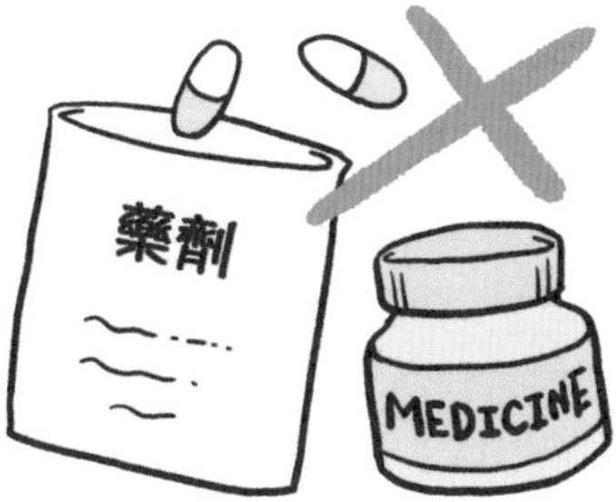

清楚明瞭地在電話中告知症狀！

從什麼時候開始的？
→ 從今天早上開始的

有什麼症狀？
→ 一直揮舞翅膀拍打全身，身體痙攣

持續了多久？
→ 30分鐘左右

現在的情況
→ 沒有食慾

猜想得到原因嗎？
→ 到昨天還很有精神，只吃了飼料，沒吃其他東西

依不同症狀緊急處置

發作

冷靜觀察鳥寶。如果發作幾分鐘後便停止，請在一旁靜靜觀察牠的狀態即可。千萬不可觸摸鳥寶、刺激牠。如果發作許久都不停，可能會需要去動物醫院進行緊急處置。如果鳥寶在外出籠裡面仍會拍打翅膀、不斷碰撞的話，也可以輕輕用手將牠包覆在掌心裡；但是如果硬按住牠。可能會導致牠無法呼吸或骨折，因此千萬要注意。不管是哪種狀況，都請洽詢平時常去的醫院吧！

所謂的發作是「無關自己的意思，全身或身體一部分自行抖動」的狀態。有時會伴隨嘎嘎嘎的叫聲。

屁股裡掉出異物

首先，先確定鳥寶是否有出血。可以的話，仔細看看從屁股掉出來的異物是什麼。是紅色黏膜、蛋或形成蛋的物質（失敗的蛋），或者兩者皆是。隨便觸摸掉落出來的東西也不好，因此請盡快去動物醫院。

腳或翅膀疼痛

如果鳥寶受了傷，移動牠會讓牠更加疼痛，因此請將牠放進外出籠或塑膠盒中，讓牠靜養。有時候生病也會導致身體疼痛，如果是骨折，則需要盡快接受治療，因此只要看見鳥寶感到疼痛的模樣，便立刻就醫。

出血

首先，確認血是從哪裡流出來的？
以及出血是否已經停止？

剪趾甲出血

寵物店等地方都有販售一種名叫「止血粉」的止血劑，因此如果要幫鳥寶修剪趾甲，請事先準備好止血粉備用。只要塗在出血部位，血就會馬上停止。

驚慌亂飛，羽毛出血

尚未生長完全的羽毛，羽管內有血管相通，因此如果不小心撞傷了，很可能會血流不停。只要拔掉折斷的羽毛，出血便會停止，但如果無法順利完成，請帶牠就醫。

被其他鳥啄傷出血

用乾淨的紗布或棉花棒，輕輕壓迫出血部位1～2分鐘後再放開。如果血還是流個不停，立刻帶牠就醫。

注意

止血劑只能塗在趾甲或嘴喙！

止血劑（止血粉）只能用於趾甲或嘴喙的出血。因為止血粉刺激性很強，因此不可以塗抹在皮膚的傷口上。

燒燙傷

如果燒燙傷的部位是腳，請立刻以流水沖洗患部，鎮定患部。沖洗時要注意避免沾濕鳥寶的身體。如果燒燙傷的是腳之外的部位，請帶牠就醫，不要在家自行處理。

誤食

一旦發現鳥寶誤食了任何物品，請立刻帶牠就醫。如果伴隨著反胃或多尿，代表事態緊急。如果知道牠誤食了什麼東西，請攜帶一樣的東西去醫院。最重要的是不要將鳥寶可能會吃進肚子的東西，放在牠接觸得到的地方。

下列物品有引起中毒的危險

- ☐ 飾品
- ☐ 鍍鋅的鈴鐺或鎖鏈
- ☐ 花窗玻璃
- ☐ 清潔劑　等等

照顧病鳥

突如其來的疾病

雖然不太想考慮這些事，但即使飼主再怎麼注意鳥寶的健康，愛鳥還是有可能生病。依症狀輕重，可能需要住院或居家照顧……。請先做好萬全的準備及心理準備，以免因為愛鳥突如其來的疾病，而驚慌失措。

居家照顧時，最重要的就是保溫。因為鳥寶生病沒有食慾，也會造成體溫降低。一旦體溫降低，就會更沒有食慾，並消耗更多體力，陷入惡性循環。照顧鳥寶的空間，請設定在鳥寶不會膨起羽毛的溫度（基準約28～30℃）。

照顧病鳥的重點

1 維持適當的溫度

鳥寶膨脹起身上羽毛的時候（膨羽），表示牠覺得冷。請找出病鳥不會膨起羽毛的溫度，使用保溫燈或保溫板，維持適當的溫度。

2 晚上保留看得見飼料的燈光

為了在鳥寶食慾低落時，可以觀察牠進食的情況，不要讓周圍一片漆黑，請保留看得見飼料的燈光，以確認飼料還剩下多少。

3 準備鳥寶喜歡的食物

食慾減退會消耗鳥寶的體力。平時身體健康的時候，先找出鳥寶就算不肯吃飼料也願意吃的食物，有備無患，也較令人放心。

保溫的方法

下面分別介紹鳥寶在鳥籠裡的保溫方式，
以及居住在塑膠盒裡的保溫方法。
請好好考慮自家環境與愛鳥的狀況，準備最適合牠的保溫環境。

鳥籠的保溫方式

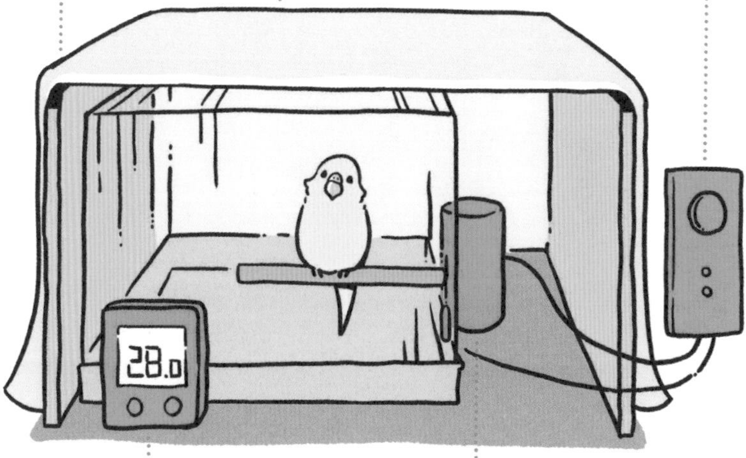

溫濕度計放在鳥籠旁邊

距離鳥籠較遠的地方，溫度・適度會改變。因此，請記得擺放在照顧空間的旁邊。

保溫燈請不要緊貼著塑膠布擺放！

注意

在鳥籠上蓋塑膠布的時候……

蓋在鳥籠上的塑膠布，請使用乾燥、沒有塑膠氣味的。另外，塑膠布請和鳥籠保持距離，以免鳥寶啃咬。

鳥籠的保溫方式

為防止鳥籠亂動，使用塑膠盒打造一個看護空間吧。

保溫燈掛在鳥籠上

將塑膠盒放入鳥籠內，並把保溫燈安裝在籠子內側。在鳥籠上方覆蓋塑膠布。注意不要蓋住整個鳥籠，留下一些縫隙通風。

使用保溫板

將保溫板墊在塑膠盒下保溫時，請預留一半空間，方便鳥寶覺得太熱時可以去另一半休息。確認保溫板是否能確實提高溫度。

使用壓克力盒＆書架

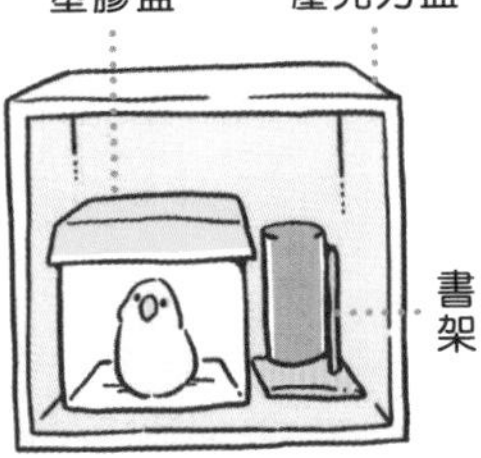

使用壓克力盒時，可以在壓克力盒和塑膠盒之間放置桌上型書架，將保溫燈掛在書架上。

如果鳥寶無法站在棲木上

鳥寶因為生病或年齡增長，雙腳無力，無法再站在棲木上，
為了防止鳥寶跌落，可以在棲木上多下一點功夫。
並請配合鳥寶的狀態改變籠內擺設。

改成平面的擺設

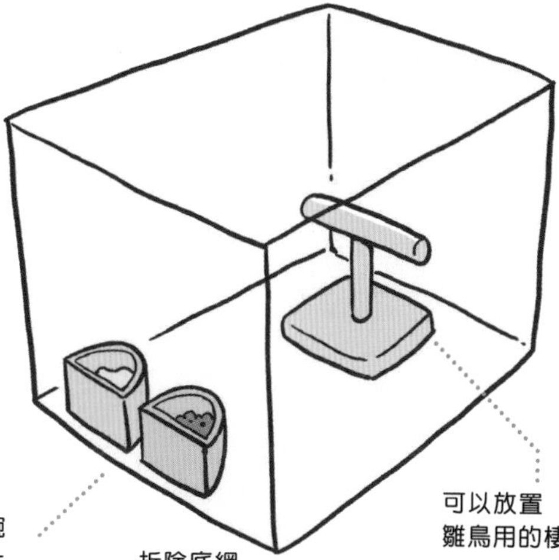

水杯和飼料碗也放在地板上

在地板上放置水杯和飼料碗時，可以使用不容易打翻的陶瓷容器，或是改用小的飼料碗，底面黏上雙面膠固定。

拆除底網

使用鳥籠照顧病鳥時，為避免鳥寶腳勾到底網而受傷，請將底網拆除，讓鳥籠底部變成平的。（或不拆除，但讓鳥寶有平站的地方）

可以放置雛鳥用的棲木！

鳥寶站在棲木上，心情會比較鎮定。如果鳥寶抓不住棲木，請準備雛鳥用的低矮棲木或矽膠軟管等產品代替。

試想一下居家照顧時，你能為牠做些什麼

疾病總在無意間到來。與病魔奮戰的生活很可能會拖得很長。時間一長，就得花費更多就醫費用和照顧鳥寶的時間。這時候，身為飼主，你能為愛鳥做些什麼？能獲得家人的協助嗎？請事前跟家人討論或諮詢醫院，以免事情發生時驚慌失措、亂了陣腳。

注意

會咬著網子往上攀爬的鳥寶

一旦將鳥籠內的棲木全部拆除，有時鳥寶會因為想前往高處，而咬著籠網往上攀爬。如果出現這情況，請不要使用鳥籠，改用塑膠盒。

餵藥方法

餵藥方法請洽詢醫院

如果鳥寶生病，需要居家照顧，飼主就必須自己每天讓鳥寶服下一定劑量的藥物。而直接餵藥或點眼藥水時，大前提是可以保定鳥寶。

餵藥的方法有直接投藥或飲水投藥兩種。請根據鳥寶的個性和藥物種類，諮詢獸醫師看哪種方式比較適合。

只不過，如果無論如何都無法順利讓鳥寶服下藥物，心想「今天餵不了就算了……」是不行的。請立刻洽詢醫院。

溫柔固定的方法

如果給的藥很苦，鳥寶會轉頭逃避，因此請用拇指和中指托住鳥寶兩邊下顎，讓鳥寶無法左右轉動頭部。

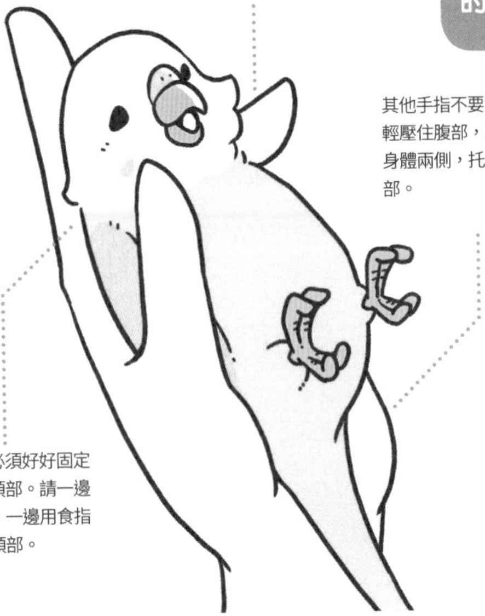

其他手指不要太用力。輕輕壓住腹部，以手指包住身體兩側，托住鳥寶的背部。

餵藥時，必須好好固定住鳥寶的頭部。請一邊斟酌力量，一邊用食指撐住鳥寶頭部。

眼藥水

依右頁的保定方法，確實固定鳥寶頭部和身體。

從眼角滴下一滴眼藥水。

點眼藥水時，鳥寶眼睛張開或閉起來都沒關係。

點眼藥水也跟直接投藥一樣，從眼角輕輕滴下一滴藥水，藥水自然就會流入眼中。請用棉花棒輕柔地擦拭掉眼睛周圍剩下的藥水。

注意

不可以擅自停藥！

即使症狀看起來已穩定許多，但也無法得知病情是否完全痊癒。在獸醫師判斷病情已痊癒，或藥物全部服用完之前，千萬不可以依照飼主自己的判斷擅自停藥。

直接投藥

直接投藥就是直接讓鳥寶喝下藥水。

讓鳥寶橫躺，在嘴喙側面輕輕滴下一滴藥水，藥水自然就會流入口中。將餵藥容器直接從嘴喙正面塞入口中餵食，藥水有可能會流入氣管之中，因此請避免這麼做。

飲水投藥

將醫院開立的處方藥，倒入一定分量的水中溶解，讓鳥寶飲用。為了讓鳥寶只能飲用加了藥物的水，因此不可以放置他只盛裝了清水的容器。洗澡用的水和蔬果碗裡的水，也請多加留意。

＊此法對鳥寶來說作用不大，建議還是直接餵食，除非是營養劑這類商品。飲水中投藥是養鴿子的概念，鸚鵡反而會不去喝水，無法達到治療的效果。

可以影印下來使用喔！

居家照顧表

年　月　日　　年　月　日

月/日	體重	食量	飲水量	注意事項

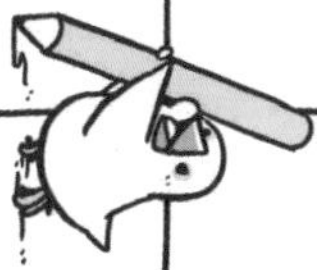

我愛鳥寶

第一次養鸚鵡就戀愛了！【超萌圖解】鸚鵡飼育百科

從日常照料、玩耍訓練到健康照護，鳥寶一生全指南

作　　者　BIRDSTORY (著)，寄崎まりを (監修)
譯　　者　黃瀞瑤

社　　長　張瑩瑩
總 編 輯　蔡麗真
編　　輯　蔡欣育
校　　對　魏秋綢
行銷企劃　林麗紅
美術設計　Midclick
封面設計　萬勝安
出　　版　野人文化股份有限公司
發　　行　遠足文化事業股份有限公司 (讀書共和國出版集團)
地址：231新北市新店區民權路108-2號9樓
電話：(02) 2218-1417　傳真：(02) 8667-1065
電子信箱：service@bookrep.com.tw
網址：www.bookrep.com.tw
郵撥帳號：19504465遠足文化事業股份有限公司
客服專線：0800-221-029
法律顧問　華洋法律事務所 蘇文生律師
印　　製　凱林印刷股份有限公司
初　　版　2019年2月
二版首刷　2024年2月

I S B N　9786267428146(紙本書)
9786267428139(EPUB)
9786267428122(PDF)

特別聲明：有關本書中的言論內容，不代表本公司/出版集團之立場與意見，文責由作者自行承擔
有著作權　侵害必究
歡迎團體訂購，另有優惠，請洽業務部（02）22181417分機1124

INKO NO KAIKATA ZUKAN
Copyright © 2018 BIRDSTORY, All rights reserved.
Original Japanese edition published in Japan by Asahi Shimbun Publications Inc., Japan.
Complex Chinese Character translation rights arranged with Asahi Shimbun Publications Inc., Japan through Future View Technology.

第一次養鸚鵡就戀愛了!(超萌圖解)鸚鵡飼育百科：從日常照料、玩耍訓練到健康照護,鳥寶一生全指南 / BIRDSTORY著；黃瀞瑤譯. -- 二版. -- 新北市：野人文化股份有限公司出版：遠足文化事業股份有限公司發行, 2024.01
面； 公分
譯自：BIRDSTORYのインコの飼い方図鑑　ISBN 978-626-7428-14-6(平裝)
1.CST: 鸚鵡 2.CST: 寵物飼養

437.794　113000663

國家圖書館出版品預行編目(CIP)資料

BIRDSTORY
原創商品

鳥寶名牌

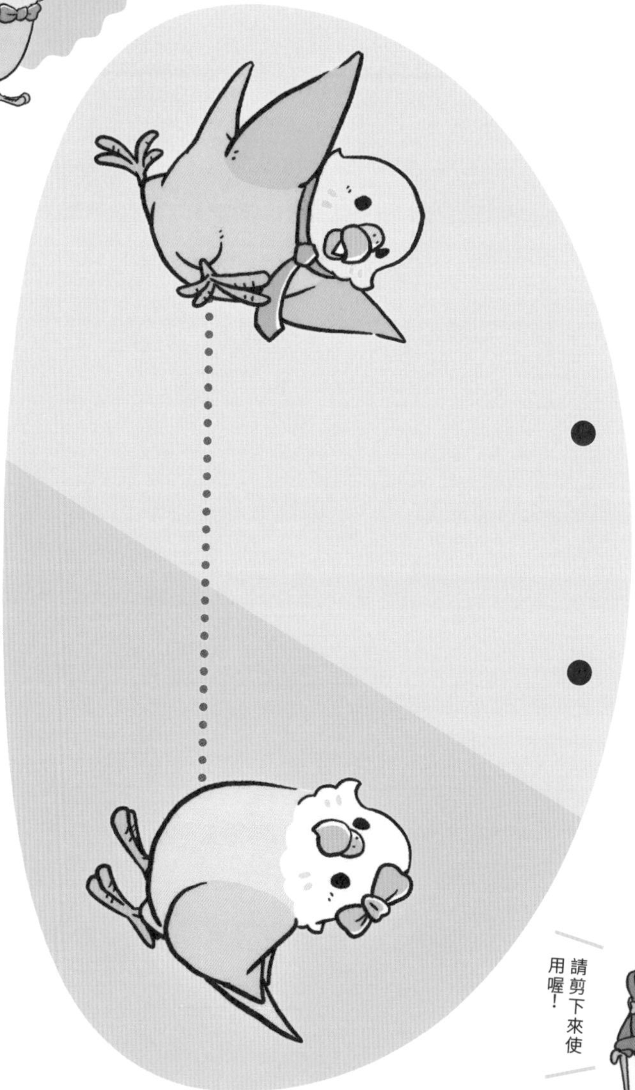

請剪下來使用喔!

名牌
文鳥版本

便條

你喜歡
哪隻鳥寶?

把灰色部分剪下來，
跟愛鳥一起拍照吧!

相框

BIRDSTORY 原創紙張

沿線剪下

沿線剪下